Heike Bastubbe ist Dipl.-Wirtschaftsingenieurin, Kommunikationsberaterin, Business Coach und seit 1996 Geschäftsführerin der movente GmbH. Das Unternehmen berät, begleitet und unterstützt Einzelpersonen, Unternehmen und Verwaltungen bei Entwicklungs- und Veränderungsprozessen. Heike Bastubbe verfügt über jahrelange praktische Erfahrung in der Wirtschaft und eine profunde kommunikationspsychologische Ausbildung.

Franziska Neidhart hat Human Resource Management und International Business studiert und zahlreiche Fortbildungen im Bereich Training, Change Management und Kommunikationspsychologie absolviert. Gemeinsam mit Heike Bastubbe ist sie Geschäftsführerin der movente GmbH.

Für weitere Informationen zu den Autorinnen und dem *movente*-Führungsmodell siehe www.movente.de

Heike Bastubbe
Franziska Neidhart

Führen mit Durchblick

Ein Impulsgeber für digitales
und analoges Führen

Rowohlt Taschenbuch Verlag

Originalausgabe
Veröffentlicht im Rowohlt Taschenbuch Verlag, Hamburg, März 2022
Copyright © 2022 by Rowohlt Verlag GmbH, Hamburg
Gestaltung & Grafik Tafelteil Andrea Bawiedemann,
unter der Verwendung von Shutterstock-Illustrationen
Covergestaltung any.way, Walter Hellmann
Coverabbildung iStock
Satz aus der Leitura und Sizmo bei Dörlemann Satz, Lemförde
Druck und Bindung CPI books GmbH, Leck, Germany
ISBN 978-3-499-00829-0

Die Rowohlt Verlage haben sich zu einer nachhaltigen Buchproduktion verpflichtet. Gemeinsam mit unseren Partnern und Lieferanten setzen wir uns für eine klimaneutrale Buchproduktion ein, die den Erwerb von Klimazertifikaten zur Kompensation des CO_2-Ausstoßes einschließt.
www.klimaneutralerverlag.de

Inhalt

Vorwort des Herausgebers
Friedemann Schulz von Thun ■ 11

Einleitende Gedanken ■ 13
Welchen Einfluss hat das Innere Team? ■ 14
Was hat Situatives Führen mit dem
movente-Führungsmodell zu tun? ■ 15
Das *movente*-Führungsmodell ■ 15

Persönlichkeit: Wie ist Ihre Führungs-DNA? ■ 19

Äußeres Erscheinungsbild ■ 21

Persönliche und soziale Kompetenzen ■ 26
Persönliche Kompetenzen ■ 26
Soziale Kompetenzen ■ 29

Temperament und Kommunikationsstil ■ 34
Temperament ■ 34
Kommunikationsstil ■ 37

Antreiber und Denkmuster ■ 45

Werte und Bedürfnisse ■ 53

Experte: Auf welchem fachlichen Fundament stehen Sie? ■ 67

Fachliche Kompetenzen ■ 69

Methodische Kompetenzen ■ 73

Feldkompetenz ■ 79

Netzwerke ■ 82

Verantwortlicher: Wie geben Sie Orientierung? ■ 87

Verantwortung für strategische Themen ■ 89

Führungswerkzeuge für orientierendes Führen ■ 92
Ziele SMART aufsetzen und kommunizieren ■ 92
Kontaktstil für eine passende Informations-
und Besprechungskultur gestalten ■ 97
Entscheidungen vorbereiten und treffen ■ 110
Aufgaben motivierend delegieren ■ 116
Soll-Ist-Abgleich vornehmen ■ 122
Feedback geben und einholen ■ 127

Coach: Wie geben Sie Unterstützung? ■ 139

Systemischen Blick einnehmen ■ 142

Ressourcen- und lösungsorientiert denken
und handeln ■ 146

Reflexion anregen ■ 150

Perspektivwechsel nutzen ■ 153

Aktives Zuhören anwenden ■ 158

Zusammenspiel der vier Führungsrollen ■ 165

Situativ aus der passenden Rolle reagieren ■ 166
Aus der Persönlichkeits- in die Coach-Rolle
wechseln ■ 166
Aus der Experten- in die Verantwortlichen-
Rolle wechseln ■ 170
Aus der Experten- in die Coach-Rolle wechseln ■ 173

Situativ führen aus der Verantwortlichen- und Coach-Rolle ■ 174
Entwicklungsgrad 1:
Viel Verantwortlichen- und wenig Coach-Rolle ■ 175
Entwicklungsgrad 2:
Viel Verantwortlichen- und mehr Coach-Rolle ■ 176
Entwicklungsgrad 3:
Mehr Coach- und weniger Verantwortlichen-Rolle ■ 177
Entwicklungsgrad 4:
Viel Coach- und wenig Verantwortlichen-Rolle ■ 178
Unerwartete Entwicklungsgrade ■ 179

Selbstcoaching mit dem *movente*-Führungsmodell ■ 187

Boxenstopp: Gewinnen Sie durch Einblick wieder Durchblick ■ 188
Schauen Sie auf Ihre Persönlichkeit ■ 188
Nehmen Sie Ihre Experten-Themen in den Blick ■ 190
Reflektieren Sie Ihre Verantwortung ■ 191
Nutzen Sie die Coach-Rolle ■ 192

Mitarbeitergespräch: Aktivieren Sie in jeder Phase die richtigen Führungsrollen ■ 194
Reflektieren Sie die Persönlichkeits- und Experten-Rollen ■ 197
Führen Sie das Gespräch im Wechselspiel aus der Verantwortlichen- und Coach-Rolle ■ 200
Nutzen Sie nach dem Mitarbeitergespräch weiterhin die Verantwortlichen-Rolle ■ 203
Übernehmen Sie Verantwortung bei Störungen ■ 204
Führen Sie auch virtuell Mitarbeitergespräche ■ 206

Praxis-Check: Führungspersönlichkeit mit Durchblick ■ 209

Hybrid erfolgreich führen: Wie können Leistung und Teamspirit erhalten bleiben? ■ 210
Impulse aus der Praxis zu «Hybrid erfolgreich führen» ■ 212
Impulse der Autorinnen zu «Hybrid erfolgreich führen» ■ 219

**Sandwich-Position: Wie funktioniert Führung
auch nach oben?** ■ 223
Impulse aus der Praxis zur «Sandwich-Position» ■ 225
Impulse der Autorinnen zur «Sandwich-Position» ■ 231

**Neu in der Führung: Wie gelingt der Wechsel
in die Führungsfunktion?** ■ 235
Impulse aus der Praxis zu «Neu in der Führung» ■ 237
Impulse der Autorinnen zu «Neu in der Führung» ■ 244

Zum Schluss ■ 247

Dankeschön ■ 249

Literatur ■ 251

Vorwort des Herausgebers
Friedemann Schulz von Thun

Das neue Jahrhundert haben wir seinerzeit im Jahre 2000 mit einem ersten Band dieser Reihe begrüßt: *Miteinander reden: Kommunikationspsychologie für Führungskräfte* (zusammen mit Johannes Ruppel und Roswitha Stratmann). Er hat sich seitdem erfreulich zu einem Best- und Longseller entwickelt. Die leitende Idee damals war, dass Führung gut ist, wenn sie «stimmig» ist: in Übereinstimmung mit mir selbst und in Übereinstimmung mit dem, was die Rolle mir abverlangt und was die Situation erfordert. Lassen Sie alle Hoffnung auf eine Empfehlung vom Schema F fahren! Aber die Modelle der Hamburger Kommunikationspsychologie haben sich als aussichtsreich erwiesen, einer solchen Stimmigkeit auf die Spur zu kommen und entsprechend im Verhalten zu verwirklichen: das Kommunikationsquadrat, das Innere Team, das Werte- und Entwicklungsquadrat, das Situationsmodell – um nur die wichtigsten zu nennen.

Inzwischen sind mehr als 20 Jahre vergangen, und was für 20 Jahre! Die Zeiten haben sich geändert, es ist jetzt der rapide Wandel, der kontinuierlich geworden ist. Fast monatlich werden die Karten neu gemischt, agiles und mehr und mehr auch virtuelles Zusammenarbeiten setzt sich durch – und vieles, was in alten Zeiten Halt gegeben hat, ist volatil, fraglich, dynamisch geworden. Umso mehr muss die Führungskraft Halt in sich selber finden, um den permanenten Wandel zu gestalten, statt von ihm durcheinandergepurzelt oder zentrifugal herausgeschleudert zu werden. Auch und gerade bei flachen Hierarchien ist Führung gefragt, die das Strategische, das Technologische und das Menschliche zusammenführt. Das Menschliche und das Zwischenmenschliche!

Von daher ist es an der Zeit, den Band für unsere Führungskräfte zu ergänzen und mit Blick auf Gegenwart und Zukunft neu zu akzentuieren. Nach wie vor ist für das «Führen mit Durchblick» die Rollenklarheit das A und O. Nach wie vor und mehr denn je! Heike Bastubbe und Franziska Neidhart haben daher die Philosophie der Stimmigkeit aufgenommen und in Hinblick auf Rollenklarheit neu akzentuiert. Innerlich «gut aufgestellt zu sein» – das ist die Vision, die diesem neuen Band zugrunde liegt. In ihrem *movente*-Führungsmodell werden vier Rollenaspekte hervorgehoben und lehrbar gemacht: die Führungskraft in ihrer Verantwortlichkeit für Qualität und für Entscheidungen (1), in ihrer Qualifikation als Fachfrau und Fachmann, als Experte (2), als Entwicklungshelferin (Coach) für die Mitarbeiterinnen und Mitarbeiter (3) und als stilprägender Mensch mit besonderer Persönlichkeit (4). Das sind die vier Sphären, die sich ständig gegenseitig durchdringen, die aber auch je nach Situation unterschiedlich prioritär werden (sollten).

Es ist wichtig, aber es reicht nicht, dies kognitiv gut verstanden zu haben. Das Buch regt daher immer wieder auch zur Selbstreflexion und zur Übung an. Heike Bastubbe und Franziska Neidhart haben viel Erfahrung mit Menschen in Organisationen, viel Praxis im Coaching und in der Weiterbildung. Kopf, Herz, Hand und Fuß wollen im Leben gut miteinander verschaltet werden, in diesem Buch sind sie es bereits.

Schulz von Thun, September 2021

Einleitende Gedanken

Die Arbeitswelt ist im Wandel: Durch das zunehmende Zusammenspiel von analogem, digitalem und hybridem Arbeiten werden Führungskräfte noch mehr in ihrer Führungskompetenz gefordert.

Wir haben dieses Buch für Menschen geschrieben, die auf der Suche nach ihrem individuellen Führungsstil sind und wissen wollen, wie Führung in der Praxis funktioniert. Wir haben beim Schreiben an neue Führungskräfte gedacht, die sich fragen, wie sie in die ihnen übertragene Verantwortung hineinfinden können, hatten bei unseren Impulsen aber auch langjährige Führungskräfte im Blick, die ihre Mitarbeitenden mit zeitgemäßen Ansätzen unterstützen wollen. Darüber hinaus können wir uns vorstellen, dass dieses Buch für Arbeitnehmende hilfreich ist, die sich aktuell überlegen, ob sie eine Fach- oder Führungskarriere einschlagen wollen. Wir möchten sie alle mit dem *movente*-Führungsmodell anregen, ihren Führungsstil auszubilden, zu überprüfen und Neues auszuprobieren.

Hinter dem «Wir» stecken Heike Bastubbe und Franziska Neidhart: Wir sind Vertreterinnen zweier Generationen von Trainerinnen und Coaches und bringen aufgrund unseres Altersunterschieds und unserer unterschiedlichen beruflichen Hintergründe verschiedene Perspektiven zum Thema Führung ein.

Seit mehr als zehn Jahren vermitteln wir das *movente*-Führungsmodell in zahlreichen Organisationen. Unsere Kunden arbeiten erfolgreich und nachhaltig damit – es ist ein Modell aus der Praxis für die Praxis. Dabei kennen wir das *movente*-Führungsmodell nicht nur aus der Coach- und Beraterinnenperspektive, sondern leben es selbst in unserer täglichen Führungsarbeit beim Leiten unseres Teams.

Welchen Einfluss hat das Innere Team?

Die Aussage des Begründers der Hamburger Kommunikationspsychologie, Friedemann Schulz von Thun, *«Innere Klarheit führt zu äußerer Klarheit»*, hat bei uns viel zum Schwingen gebracht. Sie spiegelt unsere Überzeugung wider: Antrainiertes Führungsverhalten – ohne die passende innere Haltung – wird von Mitarbeitenden oft als unglaubwürdig wahrgenommen. Denn Sie können mit Ihren Mitarbeitenden erst dann nachvollziehbar und authentisch kommunizieren, wenn Sie innerlich gut geklärt sind.[1] Das Modell vom Inneren Team geht dabei davon aus, dass wir Menschen nicht nur eine einzige Stimme in uns haben, die Stellung zu bestimmten Situationen oder Themen bezieht. Meist meldet sich ein ganzes Team zu Wort, dessen Mitglieder mit unterschiedlicher Vehemenz ihre Anliegen vortragen, um unser Verhalten und unsere Kommunikation zu beeinflussen. Oft sind sich die inneren Teammitglieder uneins, und so erleben auch Führungskräfte immer wieder Situationen, die eine innere Unklarheit und Zerrissenheit auslösen – in denen also ihr Inneres Team miteinander ringt. In einem innerlich gestressten Zustand treffen Führungskräfte dann oft keine oder falsche Entscheidungen. Deshalb war es unser Ziel, ein kompaktes Modell für die tägliche Führungsarbeit zu entwickeln, mit dem eine schnelle innere Klärung möglich ist, um wieder Durchblick zu gewinnen: das *movente*-Führungsmodell, dessen kommunikationspsychologische Grundlage das Modell vom Inneren Team bildet.

Was hat Situatives Führen mit dem *movente*-Führungsmodell zu tun?

In unseren Seminaren haben die meisten Führungskräfte das «Situative Führungsmodell» nach Hersey und Blanchard in der Theorie schnell verstanden. Denn es leuchtet ihnen ein, dass es nicht *den* richtigen Führungsstil gibt, sondern dass sie ihr Führungsverhalten situativ an ihre Mitarbeitenden, die Aufgaben und das System anpassen sollten. In der Führungspraxis haben sie uns jedoch oft Fragen zur konkreten Anwendung des Modells gestellt: *Wie setzen wir situatives Führen im Alltag kommunikativ um? Welche Führungswerkzeuge sind passend für welche Situationen? Und wie ändert sich das Führungsverhalten beim digitalen Führen?* Auch auf diese Frage gibt das *movente*-Führungsmodell Antworten.

Das *movente*-Führungsmodell

Führen ist anspruchsvoll, weil Sie es mit vielfältigen Persönlichkeiten zu tun haben – inklusive Ihrer eigenen. Deshalb beginnen wir bei unserer Arbeit mit Führungskräften immer bei deren unverwechselbarer Persönlichkeit: Wer ist der Mensch hinter der Führungskraft? Denn: Wollen Sie eine gute Führungskraft sein, schauen Sie erst einmal in sich selbst hinein. Erst wenn Sie sich mit Ihrer eigenen *Persönlichkeit* auseinandersetzen, können Sie empathisch andere Persönlichkeiten führen.

Außerdem werden Sie tagtäglich bei fachlichen Themen gefordert, wenn Ihre Mitarbeitenden mit Fragen auf Sie zukommen oder Ihre Vorgesetzten Ihre Einschätzung als *Experte oder Expertin* einfordern. Dafür müssen Sie wissen, auf welchem fachlichen und methodischen Fundament Sie stehen.

Anspruchsvoll ist Führung auch, weil Sie gemeinsam mit Ihren Mitarbeitenden Ziele verfolgen. Sie als *Verantwortlicher* müssen dabei zwischen unterschiedlichen Erwartungen und Interessen vermitteln. Nicht zuletzt müssen Sie als *Coach* Ihre Mitarbeitenden fordern und fördern, um sie weiterentwickeln zu können und ihre Potenziale zu nutzen.

Mit dem *movente*-Führungsmodell können Sie sich immer wieder den notwendigen Durchblick zu persönlichen, operativen und strategischen Themen verschaffen. Um diesen unterschiedlichen Anforderungen Rechnung zu tragen, fokussieren wir uns im *movente*-Führungsmodell auf eben diese vier Rollen und wie sie ineinandergreifen: Die Persönlichkeits-Rolle, die Experten-Rolle, die Verantwortlichen-Rolle und die Coach-Rolle. Wenn Sie sich einen ersten Eindruck verschaffen wollen, dann können Sie jetzt schon mal zum Tafelteil in der Mitte des Buches blättern.

Führungsrollen sind soziale Rollen – Sie werden nicht zum Schauspielenden, wenn Sie diese einnehmen. Sie machen sich vielmehr die unterschiedlichen Erwartungen bewusst, die Ihre Mitarbeitenden und Vorgesetzten an Sie als Führungskraft haben, und können dadurch aus der situativ passenden Rolle reagieren. Im Verlauf des Buches lernen Sie jede der vier Führungsrollen vertieft kennen und gewinnen durch praxisnahe Impulse Erkenntnisse zu Ihrem Führungsverhalten. Dabei haben wir immer die analoge, digitale und hybride Führungswelt im Blick.

Durch das Kapitel «Zusammenspiel der Rollen» erfahren Sie, wie Sie erfolgreich situativ führen können. Im anschließenden Kapitel «Selbstcoaching» können Sie das *movente*-Führungsmodell direkt für sich selbst im Alltag anwenden. Danach tauchen Sie in die Welt von Führungspersönlichkeiten ein: Sie bekommen sowohl grundsätzliche Anregungen für Ihre eigene Führungspraxis als auch generelle Tipps zur Anwendung des *movente*-Führungsmodells. Alle Führungskräfte, die wir im Buch vorstellen, gibt es in der Realität, die Namen und Hintergründe sind leicht verändert.

Wir wünschen Ihnen, dass Sie in diesem Buch viele Impulse für Ihren Führungsalltag finden!

Heike Bastubbe & Franziska Neidhart

Persönlichkeit:
Wie ist Ihre Führungs-DNA?

Ihr individueller Führungsstil wird durch Ihre unverwechselbare Persönlichkeit geprägt. Deshalb gibt es im *movente*-Führungsmodell die zentrale Rolle Persönlichkeit. Ihre Persönlichkeits-Rolle als Führungskraft setzt sich aus den folgenden fünf Aspekten – vom Äußeren bis zum Innersten – zusammen:

1. Äußeres Erscheinungsbild
2. Soziale und persönliche Kompetenzen
3. Temperament und Kommunikationsstil
4. Antreiber und Denkmuster
5. Werte, Einstellungen und Bedürfnisse

Indem Sie diese Aspekte immer wieder reflektieren, lernen Sie sich selbst besser kennen. Sie entschlüsseln dadurch Ihre Führungs-DNA. Nur wenn Sie Ihre Persönlichkeit gut kennen, können Sie glaubwürdig führen. Außerdem sollten Sie wissen, was die jeweilige Führungsaufgabe hinsichtlich der fünf oben genannten Aspekte von Ihnen als Persönlichkeit verlangt. Sie werden in Ihrer Persönlichkeits-Rolle unterschiedlich gefordert, je nachdem, ob Sie ein Team von Experten direkt führen oder ob Sie als Bereichsleitung für Führungskräfte verantwortlich sind. Überprüfen Sie die fünf Persönlichkeits-Aspekte für sich, damit Sie besser einschätzen können, wie weit Ihre Persönlichkeit für die entsprechende Führungsverantwortung entwickelt ist.

Äußeres Erscheinungsbild

Wir nehmen an jedem Menschen als Erstes sein Äußeres wahr und ziehen daraus automatisch erste Schlüsse. Als Führungskraft senden Sie durch Ihr äußeres Erscheinungsbild nonverbale Botschaften, die Ihr Umfeld meist unterbewusst mit der Erwartungshaltung an Ihre Funktion abgleicht. Ihre Erscheinung setzt sich aus vielen Komponenten zu einem Gesamtbild zusammen: Kleidung, (Körper-)Schmuck, Frisur und Bartstyle, Make-up und Brille. Entscheidend dabei ist, dass Sie sich sowohl als unverwechselbare Persönlichkeit mit Ihrem Look wohlfühlen als auch Ihr Erscheinungsbild in Einklang mit Ihrer Funktion, Ihrer Verantwortung und Ihrer Organisation bringen. Damit erreichen Sie ein stimmiges und professionelles Auftreten. Dies ist für Sie als Führungskraft wichtig, weil sich Ihre Mitarbeitenden an Ihrem persönlichen Auftritt orientieren.

Möglicherweise regt sich jetzt bei Ihnen ein gewisser Widerstand, weil für Sie Äußerlichkeiten kaum eine Rolle spielen, sondern die inneren Werte und Kompetenzen entscheidend sind. Durch ein situationsadäquates Erscheinungsbild können Sie allerdings nicht nur Ihre Kompetenzen besser transportieren, sondern auch Ihrem Gegenüber Wertschätzung ausdrücken. Situationsadäquat bedeutet dabei, dass Sie als Führungskraft ein Bewusstsein entwickeln, in welchen unterschiedlichen Kontexten Sie unterwegs sind und welches äußere Auftreten diese erfordern. Als Geschäftsführung in einer Werbeagentur ist beispielsweise ein lockeres, kreatives Auftreten in Jeans, T-Shirt und Sneakern im Arbeitsalltag stimmig. Im Gegensatz dazu erfordert ein öffentlicher Kontext, wie z. B. ein Podiumsgespräch mit Lokalpolitikerinnen und Wirtschaftsvertretern, in der Regel ein etwas förmlicheres Auftreten von der Geschäftsführung.

Als Führungskraft ist es hilfreich, Ihr eigenes Erscheinungsbild realistisch einzuschätzen. Überlegen Sie sich deshalb grundsätzlich: Welches Ziel möchten Sie mit Ihrem Auftreten erreichen und wie können Sie dieses durch Ihr äußeres Erscheinungsbild positiv beeinflussen? Wenn Sie sich nicht sicher sind, wie Sie in Ihrer Führungsfunktion auf andere wirken, können Sie dies durch einen Selbst-Fremdbild-Abgleich überprüfen. Denn oft hat man ein ganz bestimmtes Bild von sich selbst, das von der Wahrnehmung anderer abweicht – wie Sie dabei vorgehen können, finden Sie im nachstehenden Impuls.

IMPULS: **Gleichen Sie Ihr Selbstbild zu Ihrem Auftreten mit einem Fremdbild ab**

Schritt 1: Reflektieren Sie Ihr äußeres Erscheinungsbild anhand der nachstehenden Fragen:

- Wie möchten Sie in Ihrer Führungsverantwortung nach außen wirken? Welche Signale möchten Sie mit Ihrem Look senden? (z. B. durch Kleidung, (Körper-)Schmuck, Frisur und Bartstyle, Make-up und Brille)
- Wie nehmen Sie sich und Ihren Look in Videoaufnahmen und auf Fotos wahr?
- Wie gut decken sich Ihr angestrebtes Selbstbild als Führungskraft und Ihre Selbstwahrnehmungen bezüglich Ihres äußeren Erscheinungsbilds?

Schritt 2: Wenn Sie sich unsicher sind, ob Ihr Selbstbild gut mit dem Fremdbild übereinstimmt, dann holen Sie sich Feedback aus Ihrem beruflichen Umfeld von Menschen ein, die Sie in unterschiedlichen Arbeitssituationen erleben. Wählen Sie dafür Personen, denen Sie vertrauen und von denen Sie ein ehrliches Feedback erwarten können.

- Fragen Sie nach deren genereller Einschätzung, wie Ihr äußeres Erscheinungsbild zu Ihrer Führungsverantwortung passt.
- Ergänzend können Sie nach konkreten Situationen fragen, in denen Ihr äußeres Erscheinungsbild und Auftreten kritisch oder besonders positiv erlebt wurde.
- Welche Empfehlungen für Veränderung sehen Ihre Feedback-Geber?

Schritt 3: Gleichen Sie nun Ihr Selbstbild mit den eingeholten Rückmeldungen ab, um zu erkennen, welche Gemeinsamkeiten und welche Unterschiede es gibt. Das ist der eigentliche Selbst-Fremdbild-Abgleich.

- Welche Schnittmengen gibt es in den Beschreibungen?
- Welche Rückmeldungen sind neu für Sie?
- Welche lösen bei Ihnen eine emotionale Reaktion aus?

Schritt 4: Machen Sie sich die bestärkenden Rückmeldungen zu Ihrem Selbstbild bewusst. Reflektieren Sie die abweichenden Rückmeldungen, um zu entscheiden, ob Veränderungen notwendig sind.

- Welche Schlüsse ziehen Sie aus den Rückmeldungen?
- Welchen Veränderungsbedarf sehen Sie in Ihrem äußeren Erscheinungsbild?

DIGITAL FÜHREN: **Als Führungskraft auch im Home-Office professionell auftreten**

Beim digitalen Führen aus dem Home-Office besteht die Gefahr darin, dass sich der private Kontext auf das äußere Erscheinungsbild auswirkt. Wie würde es auf Sie wirken, wenn Ihr Geschäftsführer in einer virtuellen Besprechung in seinem unaufgeräumten Hobbykeller sitzt, dabei unrasiert in einem kurzärmeligen karierten Freizeithemd das Gespräch mit Ihnen führt? Selbst wenn sein lässiges Auftreten nichts an der Qualität seiner Aussagen ändert, geht ein Teil seiner professionellen Ausstrahlung verloren – sein Auftreten passt nicht zum beruflichen Kontext. Das Beispiel zeigt, dass als Führungskraft der Grat zwischen einem gelassenen Home-Office-Look und einem nachlässigen Erscheinungsbild schmal ist. Außerdem wird oft vergessen, dass mit dem Äußeren auch Signale nach innen gesendet werden: Das karierte Freizeithemd in Kombination mit dem unaufgeräumten Hobbykeller löst bei dem Geschäftsführer vermutlich eher Feierabend-Gefühle aus.

KOMPAKT: **Äußeres Erscheinungsbild als Führungskraft**

✓ Sie senden mit Ihrem äußeren Erscheinungsbild nonverbale Botschaften und können dabei Wertschätzung gegenüber der Person und Situation ausdrücken.

✓ Von Außenstehenden wird es als stimmig und professionell empfunden, wenn Ihr äußeres Erscheinungsbild mit Ihrer Führungsverantwortung und der Organisationskultur in Einklang ist.

✓ Ihr Erscheinungsbild und Ihre innere Haltung beeinflussen sich gegenseitig. Wenn Sie sich im Außen wohlfühlen, stärken Sie damit auch Ihre innere Selbstzufriedenheit.

✓ Wenn Sie sich im Home-Office so ähnlich kleiden, wie man Sie auch im Büro antreffen würde, signalisieren Sie sich selbst und bei Video-Konferenzen Ihrem Gegenüber, dass Sie im Arbeitsmodus sind.

✓ Indem Sie bewusst Ihr äußeres Erscheinungsbild situativ an Kontext und Zielen ausrichten, erfahren Sie unterbewusst schneller Akzeptanz und Zustimmung.

✓ Durch einen Selbst-Fremdbild-Abgleich erfahren Sie, welche Schnittmengen und Unterschiede es zu Ihrem äußeren Erscheinungsbild gibt, und können so herausfinden, welche Veränderungen hilfreich sind.

Persönliche und soziale Kompetenzen

Die persönlichen und sozialen Kompetenzen sind Aspekte Ihrer Persönlichkeit, die Sie im Laufe Ihrer Sozialisation entwickeln. Damit ist gemeint, dass Sie während des Heranwachsens mit Ihrem sozialen Umfeld interagieren und sich dabei die beiden Kompetenzen herausbilden. Ihre persönlichen und sozialen Kompetenzen sind ausschlaggebend, ob Sie für eine Führungsposition tatsächlich geeignet sind. Denn von ihnen hängt ab, ob Sie sich gerne mit Menschen und deren Themen auseinandersetzen – Ihre zentrale Aufgabe als Führungskraft.

Persönliche Kompetenzen

Ihre persönlichen Kompetenzen zeigen Sie im beruflichen Leben durch ein eigenverantwortliches, flexibles und zielorientiertes Verhalten gegenüber sich selbst und gegenüber Ihrer Arbeit.[2] Auf den Punkt gebracht: Als persönlich kompetenter Mensch können Sie sich selbst gut führen. Für Sie als Führungskraft sind folgende persönlichen Kompetenzen entscheidend:

Selbstreflexion
Sie setzen sich mit Ihren Kompetenzen und Ihrer Motivation auseinander, um Ihre Stärken und Entwicklungsfelder einschätzen zu können. Als Führungskraft mit einer hohen persönlichen Kompetenz sind Sie für Feedback offen, weil Sie

dadurch Ihre Selbsteinschätzung mit einem Fremdbild abgleichen können. Sie entwickeln ein realistisches Selbstbild, wenn Sie sich regelmäßig selbst reflektieren und es mit der zurückgemeldeten Wahrnehmung anderer abgleichen.

Zielorientierung
Sie sind sich klar darüber, was Sie erreichen wollen. Auf Basis dieser Klarheit gelingt es Ihnen, Ihre persönlichen Fähigkeiten zu nutzen und Ressourcen sinnvoll einzuteilen.

Eigeninitiative und Verantwortungsbewusstsein
Als eigeninitiativer Mensch fällt es Ihnen leicht, von sich aus etwas Neues anzugehen und selbstständig zu bearbeiten. Für Sie als Führungskraft braucht es zusätzlich zur Eigeninitiative auch ein hohes Maß an Verantwortungsbewusstsein gegenüber sich selbst, Ihren Mitarbeitenden und Ihrer Organisation. Wenn Sie verantwortungsbewusst sind, stehen Sie für die Auswirkungen Ihres Handelns ein – bei Erfolgen und vor allem auch bei Misserfolgen.

Veränderungs- und Entwicklungsbereitschaft
Sie zeigen Veränderungsbereitschaft, indem Sie grundsätzlich offen für Neues sind. Dazu benötigen Sie die Fähigkeiten, Gewohntes zu hinterfragen und gedanklich flexibel zu bleiben. Wenn Sie durch Hinterfragen erkennen, dass Veränderungen notwendig sind, entsteht ein Handlungsbedarf. Indem Sie als Führungskraft bereit sind, sich kontinuierlich weiterzuentwickeln, signalisieren Sie Ihren Mitarbeitenden und Führungskräften, wie wichtig persönliche Entwicklung im beruflichen Kontext ist – und dass dies für alle in Ihrer Organisation gilt.

IMPULS: Schätzen Sie Ihre persönlichen Kompetenzen ein

Selbstreflexion:
- Wie hoch schätzen Sie Ihre Fähigkeit zur Selbstreflexion auf einer Skala von 0–10 ein? (0 = nicht ausgeprägt, 5 = teilweise ausgeprägt, 10 = voll ausgeprägt)

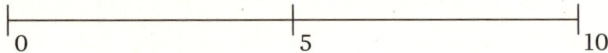

- Woran machen Sie Ihre Einschätzung fest? (z. B. Wie häufig reflektieren Sie sich selbst?)
- Was bräuchten Sie, damit Sie Ihre Selbstreflexions-Fähigkeit um eine Stufe erhöhen?

Zielorientierung:
- Wie gut kennen Sie Ihre persönlichen Karriere- und Lebensziele?
- Welche drei Ziele können Sie für Ihren beruflichen Kontext formulieren?
- Wählen Sie eines davon aus. Wie können Sie Ihre persönlichen Fähigkeiten und Ressourcen einsetzen, um diesem Ziel näher zu kommen? Was ist der erste Schritt?

Eigeninitiative und Verantwortungsbewusstsein:
- In welcher beruflichen Situation haben Sie in den letzten Wochen die Initiative ergriffen?
- Was hat diese Initiative bei Ihnen und Ihrem Umfeld ausgelöst?
- Wie schätzen Ihrer Meinung nach Ihre Mitarbeitenden Ihr Verantwortungsbewusstsein als Führungskraft auf

einer Skala von 0-10 ein? (0 = nicht ausgeprägt, 5 = teilweise ausgeprägt, 10 = voll ausgeprägt).

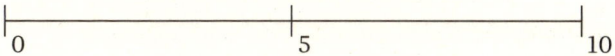

Veränderungs- und Entwicklungsbereitschaft:
- Wann haben Sie das letzte Mal eine vorhandene Routine in Ihrem Arbeits- bzw. Führungsalltag gedanklich hinterfragt?
- Welcher Auslöser hat Sie im letzten Jahr aus Ihrer Komfortzone gelockt? Und welche persönliche Entwicklung war daraufhin notwendig?

Soziale Kompetenzen

Ihre sozialen Kompetenzen bestimmen, wie Sie mit anderen interagieren. Sozial kompetent verhalten Sie sich dann, wenn Sie Ihre eigenen Ziele und Interessen im sozialen Miteinander verwirklichen und dabei auch die der anderen im Blick haben. Im Führungskontext sind die entscheidenden sozialen Fähigkeiten, sich einerseits kooperativ zu verhalten und sich andererseits durchsetzen zu können.[3] Dabei kommt es darauf an, diese situativ stimmig anzuwenden, damit eine gute Balance aus Durchsetzungs- und Kooperationsfähigkeit entsteht. Dadurch schaffen Sie die Basis für eine vertrauensvolle Beziehungsebene zu Ihren Mitarbeitenden sowie zu Kolleginnen und Kollegen auf allen Hierarchieebenen. Wie Sie die beiden Fähigkeiten im Führungsalltag zeigen können, ist nachstehend beschrieben.

Durchsetzungsfähigkeit: Um Ihre Ziele zu erreichen und Ihre Interessen durchzusetzen, nutzen Sie passende Argumente und ein entsprechend kommunikatives Auftreten, um Ihr Gegenüber zu überzeugen (siehe S. 97). Dazu gehört auch, dass Sie – wenn nötig – die Fähigkeit haben, nein zu sagen und sich von den Zielen und Interessen anderer abzugrenzen.

Kooperationsfähigkeit: Kooperative Fähigkeiten benötigen Sie sowohl im Einzelkontakt als auch in der Zusammenarbeit in Gruppen. Wenn Sie sich als Führungskraft kooperativ verhalten, bedeutet das, dass Sie die Interessen, Ziele und Ressourcen der Beteiligten in die Zusammenarbeit einbeziehen. Der positive Effekt durch kooperatives Verhalten ist, dass Sie die Schwarmintelligenz der Gruppe nutzen. Indem Sie die Beteiligten einbinden, erhöhen Sie die Zustimmung zu dem Prozess, den Ergebnissen und Ihnen als Führungskraft – durch Kooperation entsteht Akzeptanz.

IMPULS: **Schätzen Sie Ihre sozialen Kompetenzen ein**

Durchsetzungsfähigkeit
- Wie gut gelingt es Ihnen als Führungspersönlichkeit, Ihre Vorstellungen umzusetzen und Ihre Ziele zu erreichen?
- Wie stark setzen Sie sich kommunikativ für Ihre Interessen ein? Und wie gut können Sie Ihre Interessen mit Argumenten unterfüttern?
- Wie gut können Sie sich abgrenzen? Überprüfen Sie dazu, wie häufig Sie auf eine Anfrage mit «Ja» reagieren, obwohl Sie eigentlich «Nein» sagen sollten.

Kooperationsfähigkeit
- Wie regelmäßig ermöglichen Sie Ihren Mitarbeitenden und anderen Führungskolleginnen und -kollegen, sich an Entscheidungs- und Lösungsfindungsprozessen zu beteiligen?
- Bewerten Sie für sich, in welchen Kontexten Sie sich bereits ausreichend kooperativ verhalten und in welchen Sie es intensivieren sollten.

DIGITAL FÜHREN: **Reflektieren Sie Ihre persönliche Haltung zum hybriden Arbeiten**

Wenn Ihre Mitarbeitenden hybrid arbeiten (d. h. in einer Mischung aus mobilem und bürobasiertem Arbeiten), brauchen Sie eine positive Haltung zum digitalen Führen. Denn digitales Führen beginnt bei Ihnen. Nutzen Sie deshalb Ihre Fähigkeit zur Selbstreflexion, um zu erkennen, welche innere Haltung Sie zum hybriden Arbeiten haben. Wenn Sie Ihre Haltung reflektieren, merken Sie, ob Sie diesem grundsätzlich positiv oder eher negativ gegenüberstehen. Beantworten Sie für sich folgende Fragen zur Überprüfung:
- Wie fit fühlen Sie sich beim digitalen Führen?
- Welche Chancen sehen Sie beim hybriden Arbeiten für sich und Ihre Mitarbeitenden?
- Und welche Sorgen und Bedenken haben Sie in Hinblick auf hybrides Arbeiten?

Eine kritische Situation entsteht nämlich dann, wenn Ihre Firma hybrides Arbeiten anbietet und Sie es innerlich jedoch ablehnen. Die Diskrepanz zwischen Ihrer Sichtweise und der Ihrer Organisation kann Ihre Mitarbeitenden psychisch unter Druck setzen. Denn sie spüren möglicherweise Ihre Ablehnung unterbewusst und interpretieren sie als mangelndes Vertrauen in ihre Person. Deshalb ist es für Sie wichtig zu wissen, worauf Ihre Ablehnung beruht. Überprüfen Sie, welcher der nachstehenden vier Gründe bei Ihnen eine Rolle spielen könnte.

1. Die Sorge, dass Mitarbeitende im Home-Office stärker vom Privatleben abgelenkt werden und damit weniger Leistung erbringen.
2. Der Wunsch, im Team nur in Präsenz zu arbeiten, um die Schwarmintelligenz und die kurzen Abstimmungswege jederzeit nutzen zu können.
3. Das Bedürfnis, jederzeit persönlich auf Ihre Mitarbeitenden zugehen zu können und zu wissen, an was sie arbeiten – und wenn nötig schnell lenkend eingreifen zu können.
4. Die Einschätzung, dass der Tätigkeitsbereich und die Aufgaben für hybrides Arbeiten nicht geeignet sind.

Wenn Ihnen klar ist, welche Gründe hinter Ihrer kritischen Haltung stehen, können Sie überlegen, welche Kriterien und Leitplanken beim hybriden Arbeiten notwendig sind, damit Ihre Befürchtungen sich verringern und sich so wenig wie möglich bewahrheiten. Mit den dabei gewonnenen Erkenntnissen können Sie authentisch aus der *Verantwortlichen-Rolle* die Kriterien für die Informations- und Besprechungskultur beim digitalen und hybriden Arbeiten mit Ihren Mitarbeitenden entwickeln (siehe S. 103 ff.). Das heißt: Wenn Sie Einblick in Ihre Persönlichkeit nehmen, gewinnen Sie Durchblick für Ihre Verantwortlichen-Rolle als Führungskraft.

KOMPAKT: **Persönliche und soziale Kompetenzen als Führungskraft**

- ✓ Ihre persönlichen und sozialen Kompetenzen haben Sie im Zuge Ihres Erwachsenwerdens erworben, indem Sie mit Ihrem sozialen Umfeld interagiert haben.
- ✓ Wenn Sie Einschneidendes erleben und/oder sich bewusst zur Weiterentwicklung entscheiden, können Sie auch im Erwachsenenalter an Ihren persönlichen und sozialen Kompetenzen arbeiten.
- ✓ Für Sie als Führungskraft sind folgende persönliche Kompetenzen erforderlich: Fähigkeit zur Selbstreflexion, Zielorientierung, Eigeninitiative und Verantwortungsbewusstsein sowie Veränderungs- und Entwicklungsbereitschaft
- ✓ In der Führungsfunktion sind Durchsetzungs- und Kooperationsfähigkeit die beiden zentralen sozialen Kompetenzen.
- ✓ Nur wenn Sie als Persönlichkeit hinter hybridem und mobilem Arbeiten stehen, können Sie es als digitale Führungskraft mit Ihrem Team erfolgreich umsetzen.

Temperament und Kommunikationsstil

Wie verhalten Sie sich als Persönlichkeit? Ihr Temperament beschreibt Ihren individuellen Verhaltensstil.[4] Dazu gehört, wie Sie auf Reize reagieren und Ihre Gefühle zeigen. Es beeinflusst Ihren persönlichen Kommunikationsstil maßgeblich, wie Sie durch verbale, nonverbale und paraverbale Kommunikation (z. B. Räuspern, Schlucken, stimmliche Äußerungen wie «Ähm», «Mhm») mit anderen Kontakt aufnehmen und das Miteinander gestalten. Somit sind Ihr Temperament und Ihr Kommunikationsstil die Transportmittel, durch die sich Ihre Persönlichkeit anderen zeigt. Überprüfen Sie deshalb, wie Sie auf andere wirken, um zu entscheiden, ob Ihr Temperament und Ihr Kommunikationsstil zu Ihrer Führungsverantwortung passen oder ob es eventuell Entwicklungsbedarf gibt.

Temperament

Für Sie als Führungskraft ist es wichtig zu wissen, aus welchen zwei wesentlichen Faktoren sich Ihr Temperament zusammensetzt: Stimmung/Emotionen und Reizschwelle.

Stimmung/Emotionen: Ihre Stimmung und Emotionen sind eng miteinander verbunden. Ihre Stimmung unterscheidet sich von Ihren Emotionen dadurch, dass sie länger anhaltend und weniger abhängig von äußeren Reizen ist. Stimmungen werden in drei Dimensionen unterteilt: negativ, neutral oder positiv.[5] Im beruflichen Alltag können Sie bei sich selbst (und anderen) diese drei Dimensionen als tendenziell optimistische, realistische oder pessimistische Stimmung erleben.

Emotionen entstehen aufgrund situativer Auslöser und können in sechs Basisemotionen unterschieden werden: Freude, Überraschung, Trauer, Ärger, Angst und Ekel.[6] Sie können diese kulturübergreifend beobachten, weil sie ähnliche mimische Reaktionen auslösen. Die genannten Basisemotionen gehen wiederum mit unterschiedlich intensiven Gefühlen einher. So können Sie bei dem einen Mitarbeiter ein Gefühl der Hilflosigkeit und bei der anderen Mitarbeiterin ein Gefühl der Wut wahrnehmen, aber beide Gefühle können aus derselben Basisemotion Angst stammen. Gefühle werden durch verbale, nonverbale und paraverbale Botschaften transportiert, weshalb Temperament und Kommunikationsstil so eng miteinander verknüpft sind.

Reizschwelle: Ihre individuelle Reizschwelle sagt aus, ab wann Sie auf einen äußeren Reiz reagieren. Als Führungskraft bedeutet dies, wie schnell Sie sich aktivieren lassen und in die Verantwortlichen-Rolle gehen (siehe S. 92). Mit einer niedrigen Reizschwelle bringen Sie sich tendenziell schnell und früh ein. Wenn Sie zum Beispiel an einer Besprechung teilnehmen und bei Stichworten sofort anspringen, um Ihre Beiträge zu liefern. Wohingegen Sie mit einer hohen Reizschwelle eher langsamer und später reagieren. Das zeigt sich zum Beispiel darin, wenn Sie sich lange zurückhalten, auch bei Stille, und die Teilnehmenden Sie erwartungsvoll anschauen, weil von Ihnen Antworten kommen müssten.

Wenn Sie wissen, dass Ihre persönliche Reizschwelle sehr niedrig ist, greifen Sie bei Ihren Mitarbeitenden möglicherweise häufig zu früh ein und verleiten sie dadurch zu unselbständigem Arbeiten. Sollten Sie bei sich eine hohe Reizschwelle feststellen, dann besteht die Gefahr, dass Sie zu lange abwarten und Mitarbeitende in ihren Prozessen alleine lassen. Im Außen kann die Wirkung entstehen, dass Sie zu wenig Verantwortung übernehmen.

IMPULS: **Reflektieren Sie Ihr Temperament**

Stimmung und Emotionen:
- Wie blicken Sie auf Ihren Führungsalltag: optimistisch, realistisch oder pessimistisch? Und welche Vor- und Nachteile entstehen daraus?
- Wie gut können Sie im beruflichen Kontext Ihre Emotionen wahrnehmen? Und wie beziehen Sie die daraus entstehenden Gefühle im sachlichen Kontext mit ein?

Reizschwelle
- Beobachten Sie in den nächsten Besprechungen: Wie schnell bzw. wie langsam bringen Sie sich bei Themen ein?
- Schätzen Sie Ihre Reizschwelle auch hinsichtlich Ihres Führungsverhaltens ein: Wie schnell greifen Sie unterstützend oder korrigierend bei Ihren Mitarbeitenden ein?

Kommunikationsstil

Durch Ihren Kommunikationsstil transportieren Sie «ein Gemisch aus Bedürfnissen, Gefühlen, Stimmungen und Absichten [...]»[7] aus Ihrem Inneren nach außen. Ihr individueller Kommunikationsstil ist die Art, wie Sie kommunizieren. Er beeinflusst maßgeblich, ob und wie Sie Ihre Mitarbeitenden erreichen. Dafür stehen Ihnen verbale, nonverbale und paraverbale Elemente zur Verfügung. Abhängig vom Kontext variieren Sie unterbewusst Ihre Formulierungen, Gestik, Mimik und den Tonfall und prägen dadurch Ihren Kommunikationsstil. Diese Elemente zu reflektieren und bewusst in Ihren Kommunikationsstil zu integrieren, verbessert Ihre Kommunikation als Führungskraft.

Verbale Kommunikation: Ihre sprachliche Ausdrucksfähigkeit entsteht dadurch, wie Sie Ihren Wortschatz mit dem für Sie typischen Satzbau kombinieren. Je nachdem, aus welchem privaten und beruflichen Umfeld Sie stammen, werden Ihre Formulierungen einen bestimmten Duktus haben. Insbesondere dann, wenn sich Ihre Führungsfunktion ändert, sollten Sie die sprachlichen Erfordernisse des neuen Umfelds mit Ihrem Sprachstil abgleichen und falls notwendig erweitern. Das bedeutet beispielsweise, dass Sie als Teamleitung emotionale Kraftausdrücke im beruflichen Kontext abstellen.

Nonverbale Kommunikation: Ihre Körpersprache spiegelt Ihre innere Haltung wieder. Ihre Mitarbeitenden nehmen Ihre körpersprachlichen Signale unterbewusst wahr und gleichen sie mit dem ab, was Sie auf der Tonspur sagen. Je höher die Übereinstimmung zwischen dem, *was* Sie sagen und dem, *wie*

Sie es sagen ist, desto authentischer und glaubwürdiger ist Ihre Kommunikation. Um zu wissen, welche körpersprachlichen Signale Sie senden und wie Ihr Kommunikationsstil wirkt, ist es hilfreich, sich dazu regelmäßig Feedback von vertrauten Kolleginnen und Kollegen einzuholen. Ihre nonverbale Kommunikation ist die Summe der folgenden körpersprachlichen Elemente:

- **Körperhaltung:** Beim Stehen, Sitzen und Gehen nimmt Ihr Gegenüber eine gewisse Haltung und Spannung bei Ihnen wahr. Ein Großteil Ihrer Physiognomie ist angeboren, jedoch können Sie auf Ihre körperliche Verfassung auch positiven Einfluss nehmen, z. B. durch Sport, Ernährung und Schlaf. Als Führungskraft können Sie schnell eine interessierte und präsente Körperhaltung einnehmen, indem Sie eine gewisse Körperspannung aktivieren und sich Ihrem Gegenüber zuwenden.

- **Bewegung im Raum:** Durch Ihr Nähe- und Distanz-Verhalten gegenüber Einzelnen und in Gruppen senden Sie nonverbale Signale. Grundsätzlich gibt es vier Distanzzonen: (1) die intime Nähe von Hautkontakt bis 45 Zentimeter Abstand, (2) die persönliche Distanz von 45 Zentimeter bis 1,20 Meter, (3) die soziale Distanz von 1,20 bis 2,20 Meter und (4) die öffentliche Distanz beginnt ab 3,50 Meter.[8] Für Sie als Führungskraft ist im Gespräch die persönliche Distanzzone empfehlenswert, weil es für Ihr Gegenüber den ausreichenden Abstand mit dem notwendigen Maß an Nähe verbindet. Distanzzonen werden kulturell und individuell sehr unterschiedlich interpretiert. Beobachten Sie deshalb das

Verhalten und die Reaktionen im jeweiligen Umfeld, um einschätzen zu können, welche Nähe- und Distanz-Bedürfnisse es gibt. Daran können Sie Ihr Verhalten orientieren, um situativ passend aufzutreten.

- **Blickkontakt:** Durch den Blick nehmen Sie mit Ihrem Gegenüber nonverbal Kontakt auf. Als Führungskraft sollten Sie ein Gespür dafür entwickeln, wie lange und intensiv Augenkontakt von beiden Beteiligten als angenehm empfunden wird. In einer Besprechung mit mehreren Beteiligten können Sie durch einen länger anhaltenden Blickkontakt – mehr als drei Sekunden – nonverbal eine gewisse Aufforderung kommunizieren. Das bedeutet, wenn Sie Ihr Gegenüber länger fixieren, schwingt gefühlt ein unausgesprochener Appell mit. In Besprechungen sollten Sie darauf achten, einen zu langen Blickkontakt mit nur einem Teilnehmenden zu vermeiden, denn dadurch fühlen sich die andere Besprechungsteilnehmer nonverbal ausgeschlossen. Lassen Sie den Blick also immer wieder schweifen, um allen Ihre Aufmerksamkeit zu signalisieren.

- **Mimik:** Durch das Zusammenspiel Ihrer Augen(brauen), Nase, Stirn und Ihres Mundes entsteht Ihre individuelle Mimik, über die Ihr Gegenüber Ihre Emotionen und Stimmung wahrnehmen kann. Für Sie als Führungskraft ist wichtig zu wissen, dass sich Ihre Mimik verändert, je nachdem, ob Sie innerlich aktiviert oder im Ruhe-Modus sind, Sie also gerade zuhören und nicht selbst sprechen. Speziell die Ruhe-Mimik offenbart die tatsächliche innere Stimmung. Deshalb lohnt es sich, nicht nur bei Ihnen selbst, sondern auch bei Ihren Mitarbeitenden immer wieder die Ruhe-Mimik wahrzunehmen.

- **Gestik:** Das, was Sie sagen, wird durch Ihre individuelle Gestik unterstrichen – d. h. wie Sie Hände, Arme und Kopf bewegen. Abhängig von Ihrem Temperament und Ihrer kulturellen Prägung ist Ihre Gestik zurückhaltender oder expressiver. Wenn Sie als Führungskraft Ihrem Gegenüber zuhören, können Sie durch Gestik – beispielsweise durch bestätigendes Kopfnicken – Aufmerksamkeit signalisieren. Nutzen Sie Ihre Gestik gezielt, um sich bei einem Vielredner wieder in das Gespräch einzubringen. Durch die Bewegung Ihrer Hände können Sie die Aufmerksamkeit auf sich lenken und die Chance des Augenblicks nutzen, um das Wort zu ergreifen. Probieren Sie verschiedene Handbewegungen aus, die zu Ihrem Typ passen, z. B. ausstreckende Handbewegung in Richtung Redner. Wenn Sie im Gespräch dazu neigen, wichtige Aussagen durch einen erhobenen Zeigefinger zu verdeutlichen, trainieren Sie sich diese Geste bitte ab: Ihr Gegenüber fühlt sich durch den Fingerzeig meist unterbewusst zurechtgewiesen.

Paraverbale Kommunikation: In Ihrer Stimme schwingt auch Ihre Stimmung mit. Nutzen Sie als Führungskraft Ihre Stimme bewusst als Werkzeug, indem Sie durch Ihre Stimmlage, Sprechgeschwindigkeit und Lautstärke positive Energie erzeugen und Begeisterungsfähigkeit ausdrücken. Diese Signale sollten nicht übertrieben sein, damit Ihr Verhalten als authentisch wahrgenommen wird. Auch Ihre unterbewussten paraverbalen Äußerungen, wie z. B. Stöhnen, Seufzen, tief oder hektisch Atmen, haben eine Wirkung auf Ihr Gegenüber. Diese Signale treten häufig in Druck- oder Stresssituationen auf, weil sie eine gewisse Ventilfunktion haben, und werden vom Gegenüber unterbewusst wahrgenommen.

IMPULS: **Nehmen Sie Ihren Kommunikationsstil und dessen Wirkung bewusst wahr**

- Wie beschreiben Sie Ihren Kommunikationsstil unter normalen Bedingungen? Und was verändert sich in stressigen Situationen – verbal, nonverbal und paraverbal?
- Wie erleben Ihre Mitarbeitenden oder andere Führungskräfte Ihren Kommunikationsstil? Holen Sie sich dazu Rückmeldungen ein.
- Was sind Ihre Erkenntnisse zu diesen Rückmeldungen bezüglich Ihres Kommunikationsstils? Was wirkt positiv und was wirkt eher negativ auf andere?
- Welche Elemente möchten Sie in Ihrem Kommunikationsstil gezielt verändern, um authentisch und professionell zu kommunizieren?

DIGITAL FÜHREN I: **Nutzen Sie Ihre Stimme als Werkzeug im Audio-Kontakt**

Im Telefonat oder Teams-Call können Sie Ihre Stimme als Werkzeug nutzen, um Ihr Gegenüber gut abzuholen und Ihre Ziele zu erreichen. Machen Sie sich deshalb vor einem Telefonat sowohl Ihre Stimmung als auch Ihre Ziele für das Gespräch bewusst, damit Sie in der passenden Haltung das Gespräch starten können. Da Sie im Audio-Kontakt Ihre Inhalte ausschließlich durch Ihre Stimme transportieren, können Sie die nachfolgenden Möglichkeiten nutzen, um Ihre Stimme positiv zu beeinflussen.

- Trinken Sie vor dem Telefonat ein Glas Wasser oder Tee, um Ihre Stimmbänder zu befeuchten.
- Entspannen Sie Ihre Stimmbänder nach langen Gesprächssequenzen und vor dem nächsten Telefonat durch Summen – vermeiden Sie Räuspern, weil dies Ihre Stimmbänder angreift.
- Führen Sie Telefonate im Stehen, weil Sie dadurch Ihre Körperspannung aktivieren und tiefer atmen können.

DIGITAL FÜHREN II: Nehmen Sie in Videoanrufen die Stimmung Ihrer Mitarbeitenden wahr

Wenn Sie Ihre Mitarbeitenden selten oder nie in Präsenz sehen, sind Videoanrufe eine gute Möglichkeit, um über die sichtbare Körpersprache die Stimmung und Emotionen wahrzunehmen. Indem Sie sich gegenseitig sehen, entsteht ein Gefühl größerer Nähe. Um den persönlichen Kontakt von Ihrer Seite gut aufzubauen, können Sie Ihren virtuellen Kommunikationsstil folgendermaßen gestalten:

- Stellen Sie Ihre Kamera so ein, dass Sie auf Augenhöhe mit Ihren Mitarbeitenden sind und dadurch eine entspannte und gleichzeitig aufrechte Körperhaltung einnehmen können.
- Positionieren Sie sich so im Bild, dass man Ihren Oberkörper inklusive Gestik sehen kann.
- Schauen Sie immer wieder direkt in die Kamera, um auch virtuellen Blickkontakt herzustellen.
- Wenn Sie zuhören, achten Sie auf Ihre Ruhe-Mimik,

diese sollte neutral bis positiv sein. Entspannen Sie sich innerlich, indem Sie in Ihren Redepausen ruhig atmen und ein Lächeln andeuten.

KOMPAKT: **Zusammenspiel von Temperament und Kommunikationsstil als Führungskraft**

✓ Gehen Sie davon aus, dass jede berufliche Situation – zusätzlich zur Sachebene – durch die unterschiedlichen Temperamente der Beteiligten beeinflusst wird. Deshalb haben Stimmungen und Emotionen sowie Reizschwellen einen großen Einfluss auf das Miteinander.

✓ Ihre Emotionen und Stimmungen sind für Ihr Gegenüber vor allem durch Ihre Gestik, Mimik, Stimme und Körperhaltung im Außen wahrnehmbar.

✓ Von Ihrer individuellen Reizschwelle hängt ab, wie schnell Sie auf Signale und Impulse Ihrer Mitarbeitenden reagieren. Als Führungskraft ist es für Sie wichtig, über sich selbst zu wissen, ob Sie eher früher oder später bei Ihren Mitarbeitenden eingreifen.

✓ Durch Ihren Kommunikationsstil (d. h. verbale, nonverbale und paraverbale Kommunikation) wird Ihr Temperament im Außen erlebbar.

✓ Ein authentischer und gleichzeitig professioneller Kommunikationsstil entsteht, wenn Sie Ihren inneren Zustand (Stimmung und Emotionen) in der jeweiligen Situation wahrnehmen und diesen bei Bedarf einbeziehen.

- ✓ Ihr Kommunikationsstil trägt entscheidend dazu bei, ob sich Ihre Mitarbeitenden trauen, Fragen zu stellen, Fehler einzugestehen und um Unterstützung zu bitten. Deshalb ist eine zugewandte, offene Körpersprache in Kombination mit wertschätzender und klarer Wortwahl entsprechend der jeweiligen Situation unabdingbar.
- ✓ Beim Audio-Kontakt können Sie Ihre Stimme gezielt als Werkzeug nutzen, um Ihre sprachlichen Botschaften gut zu platzieren.
- ✓ Beim Videogespräch kommt Ihr persönlicher Kommunikationsstil noch stärker zur Geltung, weil auch Ihre Körpersprache (Gestik, Mimik, Körperhaltung) sichtbar wird.

Antreiber und Denkmuster

Welche Verhaltensmuster sind tief in Ihrem Unterbewussten verankert? Die Antwort darauf findet sich in den fünf Antreibern aus der Transaktionsanalyse.[9] Die Reflexion der Antreiber unterstützt Sie dabei, Ihre Führungspersönlichkeit besser zu verstehen. Denn Ihre Antreiber führen zu entsprechenden Denkmustern, die für Sie absolut logisch sind. Insbesondere in stressigen Situationen und unter Druck – wenn keine Zeit für Reflexion besteht – steuern Antreiber und Denkmuster Ihr Verhalten automatisch. Die nachstehenden fünf Antreiber gelten geschlechter- und kulturübergreifend:

- Sei perfekt!
- Sei (anderen) gefällig!
- Streng dich an!
- Sei stark!
- Beeil dich!

Meistens lassen sich ein bis zwei Primär-Antreiber identifizieren. Welche Ihre Primär-Antreiber sind, hängt davon ab, wie Sie sozialisiert worden sind. Im Führungskontext können Ihre Antreiber und die dadurch entstehenden Denkmuster Ihr Führungsverhalten unterbewusst stark beeinflussen. Anhand der folgenden Analyse der Antreiber können Sie als Führungskraft diese bei sich und anderen decodieren.

Antreiber: Sei perfekt!

- Motivation für den Antreiber: Sie wollen Prozesse und Menschen kontrollieren, um sich sicher zu fühlen und dadurch erfolgreich sein zu können. Ihr Wunsch ist es, die Abläufe und Ergebnisse im Griff zu haben.
- Denkmuster im Führungskontext: Sie müssen alles im Detail verantworten und es für Ihre Mitarbeitenden immer noch besser machen.
- Nutzen des Antreibers: Sie arbeiten sehr präzise und können dadurch Aufgaben, die eine hohe Genauigkeit erfordern, sehr gut erfüllen.
- Kritische Auswirkung des Antreibers: Sie setzen als Führungskraft hohe Maßstäbe an sich selbst und an Ihr Umfeld. Dadurch sind Sie oft mit den Ergebnissen unzufrieden, weil es Ihrer Ansicht nach immer noch besser ginge.
- Mögliche Entwicklungsrichtung: Wechseln Sie die Perspektive und fragen Sie sich: Wann ist das Ergebnis für den Empfänger ein gutes Ergebnis?

Antreiber: Sei (anderen) gefällig!

- Motivation für den Antreiber: Sie wünschen sich Harmonie im Miteinander und wollen von allen gemocht werden.
- Denkmuster im Führungskontext: Nur wenn Ihre Mitarbeitenden Sie mögen, sind Sie eine gute Führungskraft.
- Nutzen des Antreibers: Sie werden als hilfsbereiter Sympathieträger wahrgenommen und sind gut in der Kontaktaufnahme mit anderen.
- Kritische Auswirkung des Antreibers: Sie sagen häu-

fig ja, auch wenn Sie nein meinen. Dadurch stellen Sie Ihre Bedürfnisse hintenan. Für Sie wird Ihr eigener Wert maßgeblich durch die Anerkennung der anderen bestimmt.
- Mögliche Entwicklungsrichtung: Sie sind dann eine gute Führungspersönlichkeit für Ihre Mitarbeitenden, wenn Sie auch Ihre eigenen Bedürfnisse und Erwartungen einbeziehen. Diese müssen Sie im ersten Schritt wahrnehmen, um sie dann formulieren zu können.

Antreiber: Streng dich an!
- Motivation für den Antreiber: Ihr Wunsch ist es, für Ihre erkämpfte Leistung anerkannt zu werden.
- Denkmuster im Führungskontext: Für Sie ist ein Ergebnis dann etwas wert, wenn es durch Anstrengung und hartnäckige Leistung erreicht wurde – denn im Leben wird einem nichts geschenkt.
- Nutzen des Antreibers: Sie werden in Ihrer Führungsverantwortung als sehr leistungsstark, konsequent und durchsetzungsfähig erlebt.
- Kritische Auswirkung des Antreibers: Es fällt Ihnen schwer, leichtgängig erreichte Ergebnisse Ihrer Mitarbeitenden zu würdigen. Gegenüber sich selbst sind Sie oft zu hart und unnachgiebig.
- Mögliche Entwicklungsrichtung: Erkenntnis, dass Sie nur durch einen energieschonenderen Umgang mit Ihren eigenen Ressourcen langfristig leistungsfähig sein werden. Machen Sie sich deshalb bewusst, über welchen Erfahrungs- und Wissensschatz Sie verfügen. Nutzen Sie diesen dann bewusst, um gelassener zum Ziel zu kommen.

Antreiber: Sei stark!
- Motivation für den Antreiber: Sie gewinnen Sicherheit, indem Sie unabhängig und frei von anderen sind.
- Denkmuster im Führungskontext: Als Führungsverantwortliche müssen Sie immer Antworten geben können und keine inhaltliche oder menschliche Schwäche zeigen.
- Nutzen des Antreibers: Sie werden als belastbar wahrgenommen und erhalten deshalb oft früh mehr Verantwortung als andere.
- Kritische Auswirkung des Antreibers: Sie machen schwierige Situationen mit sich selbst aus, wodurch Ihr Umfeld nicht erkennen kann, ab wann Sie welche Unterstützung benötigen. Sie übernehmen oft zu viel Verantwortung für andere.
- Mögliche Entwicklungsrichtung: Erkennen Sie, welche Verantwortung von wem getragen werden muss. Nehmen Sie Unterstützung an, damit auch andere sich Ihnen gegenüber wirksam fühlen können.

Antreiber: Beeil dich!
- Motivation für den Antreiber: Sie haben den Wunsch, Ihre eigenen Bedürfnisse und Erwartungen und die der anderen schnell zu erfüllen. Sie wollen schnell alle dringlichen Aufgaben wegarbeiten, um danach in Ruhe die wichtigen Themen angehen zu können.
- Denkmuster im Führungskontext: Als Führungskraft haben Sie wenig Zeit und müssen schnell sein, um alles zu schaffen.
- Nutzen des Antreibers: Sie packen Dinge an und Ihr Umfeld erlebt Sie als «Macher». Dadurch schaffen Sie

in kurzer Zeit viele Ergebnisse und fühlen sich lebendig.
- Kritische Auswirkung des Antreibers: Sie haben das Gefühl, zu wenig Zeit für die wichtigen Aufgaben zu haben. Deshalb fallen Führungsaufgaben – welche wichtig, aber nicht dringend sind – hinten runter. Dadurch schieben Sie diese auf und wirken im Außen oft gestresst. Gegenüber Ihren Mitarbeitenden fallen Sätze wie z. B. «Dafür habe ich keine Zeit»: Sie übertragen Ihren Stress auf Ihre Mitarbeitenden.
- Mögliche Entwicklungsrichtung: Bringen Sie Ihre verschiedenen Aufgaben in eine für Sie logische Planung und Struktur. Setzen Sie Prioritäten: Was ist dringend und/oder was ist wichtig? Dadurch werden Sie nicht mehr vom überbordenden Arbeitsberg erdrückt, sondern verschaffen sich einen Überblick. Belohnen Sie sich mit bewussten Pausen, wenn Sie sukzessive, gelassen und erfolgreich Teilaufgaben abgearbeitet haben.

IMPULS: **Erkennen Sie Ihre Antreiber und nutzen Sie die Entwicklungsmöglichkeiten**

Identifizieren Sie anhand der oben beschriebenen Ausführungen Ihre ein bis zwei zentralen Antreiber. Kreuzen Sie diese bitte an:

❑ Sei perfekt!
❑ Sei (anderen) gefällig!
❑ Streng dich an!
❑ Sei stark!
❑ Beeil dich!

Beobachten Sie in den nächsten ein bis zwei Wochen, in welchen Situationen Ihre Antreiber und Denkmuster Ihr Verhalten automatisch steuern und notieren Sie sich diese Situationen. Reflektieren Sie dann, ob der positive Nutzen des Antreibers noch überwiegt oder ob Sie und/oder Ihre Mitarbeitenden bereits seine kritischen Auswirkungen erleben.

Sollten Sie nach Ihrer Reflexion feststellen, dass Sie bei einem Ihrer Antreiber eine Veränderung in Ihrem Denken, Fühlen und Verhalten erreichen möchten, können Sie die oben genannten Vorschläge zur Entwicklungsrichtung als Einstieg nutzen. Für eine dauerhafte Veränderung suchen Sie sich eine unterstützende Sparringsperson, um für künftige Situationen vorzubeugen und im Nachgang zu reflektieren. Denn um die langsam einsetzenden Veränderungen nachhaltig in Ihre Persönlichkeit zu integrieren, brauchen Sie den Blick von außen.

DIGITAL FÜHREN: **Auswirkungen von Antreibern beim mobilen Arbeiten**

Beim mobilen Arbeiten sind alle weitgehend auf sich selbst gestellt, weil selten spontan persönlicher Kontakt stattfindet. Das heißt: Man begegnet sich nicht zufällig in der Kaffeeküche oder bekommt im Großraumbüro mit, an welchen Themen die anderen im Team aktuell arbeiten. Ohne die spontanen Begegnungen ist es für Sie als Führungskraft schwerer, beiläufig wahrzunehmen, wie es Ihren Mitarbeitenden auf der persönlichen Ebene geht und ob sie sich an gewissen Themen zu lange festbeißen.

Besonders bei Persönlichkeiten mit den nachstehenden beiden Antreibern kann die fehlende persönliche Resonanz und reduziertes Feedback zur inhaltlichen Ebene schnell zu einem Selbstausbeutungs-Modus führen.

- *Sei perfekt!* Menschen mit diesem Antreiber neigen ohne soziale Kontrolle dazu, Aufgaben übertrieben detailliert auszuarbeiten, um ein für sie perfektes Ergebnis abzuliefern. Wenn bei diesen Mitarbeitenden Zwischen-Feedback fehlt, werden aufgrund des eigenen hohen Anspruchs Ausarbeitungen in einer Endlosschleife perfektioniert. Diese Gefahr besteht deutlich stärker beim mobilen Arbeiten, weil Ihre Mitarbeitenden aus Ihrem Sichtfeld verschwinden.
- *Sei stark!* Mit diesem Antreiber fordern Mitarbeitende von sich aus auch dann keine Unterstützung an, wenn sie bereits stark überlastet sind. Sie haben den Anspruch, die übertragene Verantwortung in Alleinregie erledigen zu müssen. In Präsenz würde eine derartige Überlastungssituation meist schneller auffallen, weil z. B. körpersprachliche Signale wahrgenommen werden können.

Aus Ihrer *Persönlichkeits*-Rolle können Sie sich dafür sensibilisieren, wie sich bei Ihren Mitarbeitenden die beiden Antreiber negativ auf deren Leistung und Gesundheit auswirken können. Wenn dies der Fall ist, sollten Sie aus Ihrer *Verantwortlichen*-Rolle die entsprechenden Führungswerkzeuge nutzen, um gegenzusteuern (siehe S. 127).

KOMPAKT: **Antreiber und Denkmuster**

✓ Die Transaktionsanalyse benennt fünf Antreiber, wovon meist ein bis zwei in Ihrer Persönlichkeit verankert sind. Durch Ihre Antreiber entstehen unterbewusste Denkmuster.

✓ Wenn Sie unter Stress stehen, steuern diese Antreiber und Denkmuster automatisch Ihr (Führungs-)Verhalten.

✓ Indem Sie Ihre Primär-Antreiber identifizieren, können Sie bewusster mit Ihren Denkmustern umgehen. Falls bei Ihnen die negative Auswirkung des Antreibers den positiven Nutzen überwiegt, sollten Sie sich bewusst mit ihnen auseinandersetzen.

✓ Sie können Ihre Mitarbeitenden gelassener führen, wenn Sie deren Antreiber und Denkmuster wahrnehmen. Dadurch können Sie deren Verhalten differenzierter einordnen, vor allem wenn Ihre Mitarbeiter und Mitarbeiterinnen Antreiber haben, die Ihnen fremd sind. Speziell für Sie ungewohnte Antreiber können Sie ansonsten schnell als provozierend empfinden.

✓ Als digitale Führungskraft ist es wichtig, die Mitarbeitenden zu identifizieren, die aufgrund ihrer Antreiber «Sei perfekt!» und «Sei stark!» dazu neigen, sich im Home-Office selbst auszubeuten. Diese Mitarbeitenden brauchen einen regelmäßigen Soll-Ist-Abgleich mit Ihnen und Feedback zur Orientierung (siehe S. 122 ff. und S. 127 ff.).

Werte und Bedürfnisse

Sie kennen bestimmt das Phänomen, dass Sie sich intuitiv mit Menschen umgeben, mit denen Ihnen die Zusammenarbeit leichtfällt – Sie schwingen auf der Beziehungsebene gut miteinander. Die Erklärung dafür ist, dass Sie eine ähnliche Werte- und Bedürfnisstruktur verbindet. Denn Ihre Werte und Bedürfnisse steuern aus Ihrem Unterbewusstsein maßgeblich Ihr Verhalten. Diese lassen sich durch die folgenden beiden Fragen abgrenzen:

- Was wollen Sie? → Werte
- Was brauchen Sie? → Bedürfnisse

Wenn Sie sich als Führungskraft auch mit psychologischen Bedürfnissen beschäftigen wollen, bietet Ihnen das Riemann-Thomann-Modell einen praxistauglichen Ansatz, um zu dem komplexen Thema Bedürfnisse einen Zugang zu finden – ohne dabei ein Schubladendenken zu entwickeln.[10] In dem Modell werden die vier menschlichen Grundausrichtungen beschrieben, die bei allen Personen vorhanden, aber unterschiedlich ausgeprägt sind. Die Grundausrichtungen zeigen sich in dem Bedürfnis nach Nähe (z. B. zwischenmenschlicher Kontakt) und Distanz (z. B. Unabhängigkeit) sowie in dem Bestreben nach Dauer (z. B. Struktur) und Wechsel (Flexibilität).

Im Führungsalltag spielen die zugrunde liegenden Werte eine zentrale Rolle. In erster Linie für Ihr Führungsverständnis und in zweiter Linie im Miteinander. Als Führungskraft treffen Sie auch auf Persönlichkeiten mit Werten, die stark von Ihren eigenen abweichen und mit denen Sie trotzdem zusammenarbeiten müssen. Deren Verhalten und Kommunikation kann für Sie befremdlich und dadurch irritierend wirken. Deshalb ist es lohnend, sich insbesondere mit Werten und deren Auswirkungen auseinanderzusetzen. Dabei lernen Sie sich selbst besser kennen und können benennen, was Sie in der Zusammenarbeit benötigen und was Ihnen für Ihr Führungsverständnis wichtig ist. Außerdem hilft Ihnen die Auseinandersetzung, andere Ausprägungen zu verstehen, wodurch Sie als Führungskraft mit unterschiedlichen Persönlichkeiten toleranter und wertschätzender umgehen können.

Ihre Wertesysteme beeinflussen maßgeblich, welche Situationen, Menschen und Tätigkeiten Sie als motivierend oder demotivierend erleben.[11] Oder anders gesagt: Nur weil Sie etwas gut können (Kompetenzen), heißt das noch lange nicht, dass Sie es auch wollen (Werte/Motivation). Clare W. Graves beobachtete, dass Werte die Organisationskultur prägen, Menschen antreiben und sie festlegen lassen, was sie als richtig und falsch erachten.[12] Das my_motivation-Wertemodell basiert auf den Forschungen von Clare W. Graves und wurde von Thomas Falter und Gerald Singer entwickelt.[13] Es umfasst für den beruflichen Kontext sieben Wertesysteme: Tradition, Macht, Absicherung, Ergebnis, Gemeinschaft, Verstehen, Gemeinwohl. In jedem dieser Wertesysteme sind verwandte Werte zusammengefasst.

Sie selbst tragen Anteile aller sieben Wertesysteme in sich. Ihr individuelles Werteprofil entsteht dadurch, dass Sie die sieben Wertesysteme unterschiedlich stark anstreben und ablehnen. Dabei ist Ihre individuelle Wertestruktur über längere Zeit konstant.[14] Beim Reflektieren der nachstehend beschriebenen Wertesysteme werden Sie intuitiv wahrnehmen, bei welchen Sie eine positive Resonanz spüren (Indiz für Anstreben) und bei welchen sich ein innerer Widerstand regt (Indiz für Ablehnen). Wichtig ist, dass es kein schlechtes Werteprofil gibt, sondern nur eine bessere oder schlechtere Passung zur jeweiligen Funktion. Eine gute Passung bedeutet, dass Aufgaben mit gewissen Wertesystemen leichtgängiger und motivierter erledigt werden können. Indem Sie sich Ihre Passung für Ihre Führungsfunktion bewusst machen, werden Sie feststellen, wie gut Ihr Werteprofil zu Ihrer aktuellen Tätigkeit passt. Bei einer geringen Passung wird Sie Ihr Job auf längere Sicht viel Energie kosten.

Wenn Sie Ihre persönlichen Wertesysteme kennen, können Sie Antworten auf die nachstehenden Fragen geben.

- Wie müssen Ihre Aufgaben und Tätigkeiten beschaffen sein, damit sie Ihnen Energie geben?
- Wieso kosten manche Aufgaben und Tätigkeiten Sie viel Kraft und rauben Ihnen regelrecht Energie? Was bedeutet das für Ihren Führungsalltag?
- Welche Werte bilden die Grundlage für Ihr Führungsverständnis? Was ist Ihnen wichtig?

Wertesystem Tradition
Beschreibung: Ihnen ist Kontinuität im Berufsleben wichtig, weshalb Sie sich wünschen, dass bewährte Abläufe beibehalten werden – Routinen geben Ihnen Energie. Sie identifizieren sich stark mit Ihrer Organisation bzw. Ihrem Team und verhalten sich diesen gegenüber loyal. Zudem legen Sie Wert auf gelebte Rituale, wie z.B. gemeinsames Feiern von Geburtstagen, Festen und Jubiläen. Durch diese Rituale erleben Sie Vertrautheit und Geborgenheit in der Gruppe.

Führungsverständnis: Sie beziehen in Ihre Führungskommunikation bisher Erreichtes ein und wertschätzen die Historie in Ihrer Organisation. Für Sie ist Loyalität der entscheidende Faktor in Ihrem Führungscredo – Sie leben loyales Verhalten vor und fordern es von Ihren Mitarbeitenden ein. Mit sinnstiftenden Ritualen sorgen Sie für eine gefühlte Verbundenheit.

Wertesystem Macht
Beschreibung: Ein Arbeitsumfeld, in dem Sie Dinge voranbringen können, gibt Ihnen Energie. Sie sind bereit, für Ihre eigene Meinung einzustehen, um Ihre Interessen und Ziele durchzusetzen. Sie formulieren klare Aussagen und treffen proaktiv Entscheidungen. Sie sind motiviert, Konflikte zeitnah anzugehen, um diese zu klären und dann wieder zügig vorankommen zu können. Ihnen ist Einfluss wichtig, um Dinge gestalten zu können.

Führungsverständnis: Sie nutzen Ihren Einfluss, um für Ihre Mitarbeitenden das Bestmögliche herauszuholen. Gegenüber anderen Abteilungen setzen Sie durch Ihre entschlossene Kommunikation Ihren Führungsanspruch durch. Für Sie ist eine offene Fehler- und Konfliktkultur essenziell, um Ihre Organisation und Ihr Team voranzubringen. Mit Ihren proaktiven Entscheidungen sorgen Sie dafür, dass Ihre Einheit handlungsfähig bleibt.

Wertesystem Absicherung
Beschreibung: Für Sie sind Strukturen und Prozesse wichtig, weil diese für Orientierung und Klarheit im Arbeitsumfeld sorgen. Im Miteinander sind Ihnen verlässliche Absprachen und die Einhaltung von Terminen und Regeln wichtig. Sie legen viel Wert auf eine hohe Arbeitsqualität in Kombination

mit einem hohen Arbeitseinsatz, was Sie durch Disziplin und Verpflichtung erreichen. Energiespendend sind Aufgaben für Sie dann, wenn Sie diese nach klaren Kriterien bearbeiten können.

Führungsverständnis: Sie definieren detailliert Abläufe und Verantwortungen, damit Ihren Mitarbeitenden und Schnittstellen klar ist, wie die Zuständigkeiten sind. Für Sie steht die Sachorientierung im Mittelpunkt. Sie fordern von sich und Ihren Mitarbeitenden Disziplin und Regeleinhaltung.

Wertesystem Ergebnis
Beschreibung: Ihnen ist es wichtig, Ziele zu erreichen und Erfolg zu haben. Dabei gehen Sie pragmatisch und ergebnisorientiert vor. Sie genießen Anerkennung von außen und Status ist Ihnen wichtig. Sie können mit achtzigprozentigen Lösungen gut leben, denn *Quick-wins* motivieren Sie. Der Wettbewerb mit anderen setzt in Ihnen Energie frei und treibt Sie zur Höchstleistung.

Führungsverständnis: Sie führen Ihre Mitarbeitenden über klare Ziele, die Sie mit Ihnen immer wieder abgleichen, um Ergebnisse pragmatisch zu erreichen. Sie motivieren sich und Ihr Team über gemeinsame Erfolge und kommunizieren diese in die Organisation. In Besprechungen sorgen Sie durch zielorientierte Kommunikation dafür, dass Resultate erreicht werden.

Wertesystem Gemeinschaft
Beschreibung: Ihnen ist wichtig, dass sich jeder gleichberechtigt einbringen kann und ein harmonisches Miteinander herrscht, denn eine positive Arbeitsatmosphäre gibt Ihnen Energie. Im Umgang mit anderen sind für Sie Fairness und

Wertschätzung zentral. Sie erleben es als motivierend, in die Entscheidungsfindung eingebunden zu werden und Entscheidungen dann im Konsens zu treffen. Es ist für Sie wichtig, über aktuelle Themen im Team ausführlich zu diskutieren, weil dadurch ein Miteinander entsteht und die Gruppe für Sie einen hohen Stellenwert hat. Sie laufen zur Höchstform auf, wenn Sie Kontakte knüpfen und dadurch Netzwerke aufbauen können.

Führungsverständnis: Ihnen ist wichtig, Ihre Mitarbeitenden bei Entscheidungsfindungen zu beteiligen, weil Sie jedes Teammitglied gleichwertig behandeln wollen. Sie nehmen sich viel Zeit für den fachlichen Austausch in der Gruppe und geben auch zwischenmenschlichen Themen Raum. Ihr Führungscredo lautet: Eine intensive Informations- und Kommunikationskultur fördert ein harmonisches Miteinander.

Wertesystem Verstehen

Beschreibung: Es motiviert Sie, wenn Sie sich mit neuen und komplexen Fragestellungen auseinandersetzen und diesen auf den Grund gehen können. Bevor Sie handeln, wollen Sie die Themen wirklich durchdrungen haben. Wenn diese dann für Sie klar und logisch sind, legen Sie mit voller Energie los. Es beflügelt Sie, sich mit fordernden Themen auseinanderzusetzen und diese zu hinterfragen – dabei erarbeiten Sie sich neues Wissen. Sie sehen Veränderungen als positiv, weil sie Neues bringen. Ihnen ist wichtig, beim Arbeiten viel Gestaltungsfreiraum zu haben, um die Dinge so umzusetzen, wie Sie es für sinnvoll erachten.

Führungsverständnis: Sie sehen sich als Motor für notwendige Veränderungen. Sie hinterfragen den Status quo und entwickeln innovative Lösungen, die Sie und Ihr Team bzw.

Ihre Organisation auf ein neues Level bringen. Für Sie gehört geistiger Freiraum zu den Grundlagen, um gut arbeiten zu können – den fordern Sie für sich und geben ihn Ihren Mitarbeitenden.

Wertesystem Gemeinwohl
Beschreibung: Für Sie ist es wichtig, an sinnhaften und relevanten Themen zu arbeiten. Wenn Ihre erarbeiteten Lösungen nachhaltig sind und damit auch künftig einen Mehrwert liefern, motiviert Sie das. Sie gehen Herausforderungen ganzheitlich an: Sie nehmen verschiedene Perspektiven ein, um sich dem Problem zu nähern und sich einen Überblick zu verschaffen, dann konzentrieren Sie sich auf die bedeutsamen Punkte. Für Sie ist es ebenfalls relevant, die Auswirkungen einer Entscheidung zu betrachten. Ihnen gibt es Energie, an Themen zu arbeiten, die für die Zukunft Ihrer Organisation oder für die Gesellschaft bedeutsam sind – Ihnen ist die Langzeitperspektive wichtig.

Führungsverständnis: Sie wollen mit Ihrer Arbeit und Ihrem Team einen organisationsübergreifenden und gesellschaftlichen Mehrwert generieren. Sie fordern von sich selbst und Ihrem Team regelmäßig den Blick über den Tellerrand, um ganzheitliche und nachhaltige Strategien zu entwickeln. Indem Sie Ihrem Team zeigen, dass es einen Beitrag zum Großen und Ganzen leistet, schaffen Sie eine sinnstiftende Arbeitsatmosphäre.

Wenn Sie die sieben Wertesysteme durchgelesen haben, werden Sie merken, dass Sie sich in manchen mehr wiederfinden als in anderen. Das sind bereits erste Indizien, dass Sie diese Wertesysteme stärker ausgeprägt haben. Wenn Sie nun an Ihren Arbeitsalltag denken, werden Sie feststellen, dass Sie gewisse Tätigkeiten mit Leichtigkeit und Freude erledigen. Diese Tätigkeiten entsprechen Ihren angestrebten Wertesystemen, das heißt, Sie machen diese gerne – sie geben Ihnen regelrecht Energie.

Das Gegenteil ist der Fall, wenn Sie Aufgaben erledigen und Tätigkeiten ausführen müssen, die nicht Ihren Wertesystemen entsprechen. Danach können Sie sich regelrecht ausgelaugt fühlen. Das bedeutet nicht, dass Ihre Ergebnisse dadurch schlechter sind. Es kostet Sie aber mehr Energie, weil Ihre innere Motivation dafür geringer ist. Im Führungsalltag bedeutet dies, dass Sie energieraubende Aufgaben und Tätigkeiten an Mitarbeitende delegieren sollten, die aufgrund ihrer Wertesysteme diese als motivierend erleben. Suchen Sie sich deshalb ein Arbeitsumfeld, bei dem Ihr Werteprofil eine gute Passung zur Führungsfunktion aufweist.

IMPULS: **Reflektieren Sie Ihre Werte und formulieren Sie Ihr wertebasiertes Führungsverständnis**

- Spüren Sie nach, bei welchen Wertesystemen Sie den Eindruck hatten, dass die Beschreibung und das resultierende Führungsverständnis Ihnen entspricht. Wählen Sie maximal drei Wertesysteme aus.
- Formulieren Sie dann Ihr individuelles Führungsverständnis auf Basis Ihrer angestrebten Wertesysteme. Was ist Ihnen beim Führen wichtig? Was wollen Sie für die Zusammenarbeit mit Ihrem Team?
- Bei welchen Wertesystemen haben Sie spontan eine innere Ablehnung gespürt? Notieren Sie diese und formulieren Sie, was Sie an diesen Wertesystemen stresst.

Dadurch bringen Sie unterbewusste Ablehnungen in Ihr Bewusstsein und können damit anders umgehen. Mal angenommen, Sie lehnen das Wertesystem *Macht* ab, dann stressen Sie Auseinandersetzungen und Sie versuchen Konflikten aus dem Weg zu gehen. Sobald Sie dies von sich wissen, können Sie es akzeptieren und neue Verhaltensweisen und Lösungswege andenken, wie z. B. Unterstützung von Ihrem Stellvertreter oder Ihrer Stellvertreterin einholen, indem Sie sich von ihm bzw. ihr kollegial beraten lassen, um eine gute Konfliktstrategie für die jeweilige Situation umzusetzen.

DIGITAL FÜHREN: **Spannungsfeld zwischen Nähe und Distanz**

Beim digitalen Führen erleben Sie aufgrund der unterschiedlichen Persönlichkeiten häufig ein großes Spannungsfeld beim Wertesystem *Gemeinschaft* und den daraus resultierenden Bedürfnissen nach *Nähe* und *Distanz*. Daraus entsteht die Frage: Wie viel soziales Miteinander benötigen Sie und Ihre Mitarbeitenden beim mobilen Arbeiten?

In der digitalen Welt kommt für diejenigen, die das Wertesystem *Gemeinschaft* ausgeprägt haben, das soziale Miteinander zu kurz. Denn bei virtuellen Besprechungen und Telefonaten neigen Menschen dazu, sich auf die Sachthemen zu fokussieren, diese abzuarbeiten und dann direkt in den nächsten virtuellen Termin zu wechseln. Ihnen ist vermutlich schon aufgefallen, dass vor dem Beginn eines virtuellen Termins nur wenige Augenblicke bleiben, um sich persönlich auszutauschen, da, sobald alle Teilnehmenden eingewählt sind, sofort die fachliche Konversation beginnt.

Was ebenfalls fehlt, sind die spontanen Begegnungen auf dem Gang, in der Kantine oder Kaffeeküche. Darunter leiden vor allem Mitarbeitende mit einem hohen Bedürfnis nach Nähe. Meist ist für sie der zwischenmenschliche Kontakt ein Grund, weshalb sie gerne in ihrem Team bzw. in ihrer Organisation arbeiten. Fällt diese Komponente weg, geht ein motivierender Faktor für die Arbeit verloren.

Als Führungskraft sollten Sie sich deshalb Gedanken machen, welche Formen des sozialen Austauschs beim mobilen Arbeiten passend sind. Ziel ist es, eine gute Balance zwischen Ihren und den Bedürfnissen Ihres Teams zu finden. Nachstehende Ideen beschreiben, wie Sie zwischenmenschliche Nähe auch beim digitalen Führen herstellen können:

- Eine persönliche Einstiegs-/Abschlussfrage bei virtuellen Besprechungen im Team, wie z. B. *Was war mein privates Highlight der Woche? Wie geht es mir persönlich? Was beschäftigt mich aktuell?*
- Vereinbaren von Zeitfenstern, die für virtuelle Kaffeepausen innerhalb der Abteilung genutzt werden können.
- Organisieren eines gemeinsamen virtuellen Abendessens im Team auf freiwilliger Basis. In kochbegeisterten Teams können Rezepte geteilt werden, die jeder in seiner Küche kocht und die dann virtuell gemeinsam gegessen werden.
- Gemeinsamer Abschluss der Arbeitswoche oder des -monats mit einem virtuellen Ausklang im Team.
- Überlegen Sie gemeinsam mit Ihrem Team, wie Sie anstehende Feiern im virtuellen Raum sinnstiftend und erlebnisorientiert so umsetzen können, dass ein Gemeinschaftsgefühl daraus entsteht, z. B. indem Sie ein Genusspaket versenden, eine Musik-Playlist für das

Team erstellen und raten, wer welches Lied ausgewählt hat, an einer virtuellen Museumsführung oder einer digitalen Bierverkostung teilnehmen.

Beim digitalen Führen brauchen Sie den Blick auf die unterschiedlichen Persönlichkeiten, deren Werte und Bedürfnisse. Dann können Sie Maßnahmen entwickeln, die das Gemeinschaftsgefühl und den Zusammenhalt auch in der digitalen Welt fördern. Diese sollten Sie regelmäßig daraufhin überprüfen, ob sie bei geänderten Rahmenbedingungen immer noch sinnstiftend sind.

Wenn es um die konkreten Techniken und Werkzeuge für Ihren digitalen Führungsstil geht, werden Sie diese aus der Verantwortlichen-Rolle anwenden. Dabei geht es im Digitalen einmal mehr um die Organisation Ihres Teams, die Transparenz zu den Zielen sowie die Informations- und Besprechungskultur (siehe S. 95 und 104).

KOMPAKT: **Wertesysteme im beruflichen Kontext**

✓ Ihre Werte sind tief in Ihrer Persönlichkeit verankert, weshalb es Ihnen schwerfallen kann, diese differenziert zu benennen.

✓ Indem Sie sich mit den sieben Wertesystemen auseinandersetzen, können Sie diejenigen bestimmen, die positive oder negative Resonanzen bei Ihnen auslösen – daraus entsteht Ihr Werteprofil.

- ✓ Aufgrund Ihres individuellen Werteprofils gibt es Aufgaben und Tätigkeiten, deren Umsetzung Ihnen Energie gibt, und wiederum andere, die Sie viel Kraft kosten.
- ✓ Wenn Sie Ihr persönliches Werteprofil kennen, können Sie daraus ableiten, was Sie im beruflichen Kontext wollen und was nicht – d.h., was Sie motiviert und demotiviert. Ihr Profil sagt nicht aus, wie gut Sie etwas können (Kompetenzen) oder wie Sie sich verhalten (Temperament).
- ✓ Ihre Mitarbeitenden erleben Sie als authentisch und nachvollziehbar in Ihrem Verhalten, wenn Ihr Führungsverständnis auf Ihren Wertesystemen beruht. Ihre Werte zu kennen, gibt Ihnen die Möglichkeit, diese als Führungspersönlichkeit zu kommunizieren.
- ✓ Durch die Reflexion Ihrer Wertesysteme findet eine erste Sensibilisierung statt. Wenn Sie sich tiefer mit Ihren Werten beschäftigen möchten, können Sie durch eine Analyse Ihrer Wertesysteme detaillierter einsteigen.
- ✓ Beim digitalen Führen entsteht meist eine persönliche Distanz, weil man sich aus den Augen verliert und die Beziehungsebene in den Hintergrund rückt. Damit die Zusammenarbeit im Digitalen auch menschlich gut klappt, lohnt es sich als Führungskraft, die Beziehungsebene durch gezielte (kleinere) Maßnahmen einzubeziehen.

Nachdem Sie sich nun intensiv mit Ihrer Persönlichkeit auseinandergesetzt haben, sind Sie Ihrer Führungs-DNA einen Schritt nähergekommen. Denn Ihre Persönlichkeit prägt maßgeblich Ihren Kommunikationsstil und beeinflusst stark Ihr Führungsverhalten. Durch die Reflexion der Persönlichkeits-Rolle können Sie jetzt besser nachvollziehen, welche verschiedenen Elemente Ihre Mitarbeitenden bei Ihnen auf der zwischenmenschlichen Ebene wahrnehmen. Die notwendigen fachlichen Komponenten für Ihre Führungsarbeit können Sie im nächsten Kapitel mittels der Experten-Rolle analysieren.

Experte:
Auf welchem fachlichen Fundament stehen Sie?

Ihr Expertentum liefert Ihnen die fachliche und methodische Sicherheit, um aus der Verantwortlichen- und Coach-Rolle führen zu können. Aus folgenden vier Aspekten setzt sich die Experten-Rolle zusammen:

1. Fachliche Kompetenzen
2. Methodische Kompetenzen
3. Feldkompetenz
4. Netzwerke

Sie greifen insbesondere dann auf Ihre fachlichen Kompetenzen zurück, wenn Sie in Ihrer Führungsverantwortung zum Beispiel Entscheidungen treffen oder Aufgaben delegieren. Kompetenzen umfassen Ihr Wissen sowie Ihre Fähigkeiten und Fertigkeiten, mit bekannten und unbekannten Situationen und Anforderungen umgehen zu können – sprich, handlungsfähig zu sein.[15] Beleuchten Sie deshalb die vier Aspekte der Experten-Rolle, um herauszufinden, auf welchem fachlichen Fundament Sie stehen und wie gut es zu Ihrer Führungsverantwortung passt. Dabei sollten Sie immer im Blick haben, auf welcher Hierarchieebene und in welcher Branche Sie sich befinden – beides beeinflusst die Anforderungen an Ihre Experten-Rolle. Deshalb gibt es auch keine allgemeingültigen Antworten, welche der fachlichen und methodischen Kompetenzen besonders ausgeprägt sein sollten oder was die richtige Feldkompetenz und die passenden Netzwerke für Sie sind.

Fachliche Kompetenzen

Durch Ausbildungen, Studiengänge und Weiterbildungen erwerben Sie Wissen, welches Sie für Ihre berufliche Tätigkeit als Kenntnisse und Fertigkeiten nutzen können – das sind Ihre fachlichen Kompetenzen. Was fachliche Kompetenz im Führungsalltag bedeutet, veranschaulicht die beispielhafte Situation eines Controllers, der zum Teamleiter befördert wird. In seinem Studienschwerpunkt erarbeitet er sich das notwendige Wissen rund um Finance, Accounting, Controlling und Taxation. In seinem ersten Job als Controller lernt er, welche konkreten Herausforderungen beim Steuern und Finanzieren des Umlaufvermögens in seinem Unternehmen entstehen – er erwirbt unternehmensspezifische Kenntnisse. Durch Kollegen, Vorgesetzte und externe Weiterbildungen bekommt er auch die entsprechenden Fertigkeiten für die Anwendung vermittelt. Als er einige Jahre später zum Teamleiter aufsteigt, bilden sein Wissen, seine Kenntnisse und Fertigkeiten ein sicheres Fundament für die neue Führungsaufgabe. Bei seinen Mitarbeitenden erreicht er als Führungskraft schnell Akzeptanz, weil er z. B. beim Delegieren die richtigen Fachausdrücke verwendet und die notwendigen Arbeitsweisen kennt. Auch als Teamleiter besucht er regelmäßig Weiterbildungen, um seine fachlichen Kompetenzen aufzufrischen. Dadurch kann er fundierte Entscheidungen treffen und seinen Vorgesetzten beraten.

Das Beispiel zeigt, dass besonders in der ersten Führungsebene solide Fachkompetenz notwendig ist. Wenn Sie jedoch in der Führungshierarchie aufsteigen, ist es wichtig, dass Sie den Anspruch loslassen, weiterhin der beste Fachexperte zu sein. Entwickeln Sie stattdessen Ihre Abteilungs- und Teamleitungen, damit Sie sich auf die strategischen und personellen Themen konzentrieren können.

IMPULS: **Schätzen Sie Ihre fachlichen Kompetenzen ein**

Indem Sie ein Kompetenzprofil für sich erarbeiten, sehen Sie klarer, wie Ihre fachlichen Kompetenzen zu Ihrer Führungsfunktion passen. Dadurch können Sie herausarbeiten, welche Weiterentwicklung für Ihre aktuelle oder eine neu angestrebte Führungsposition notwendig sind.

1. Schritt: Erfassen Sie Ihre Aufgaben und Tätigkeiten

Nehmen Sie Ihre Stellenbeschreibung zur Hand, gleichen Sie diese mit Ihrer aktuellen beruflichen Praxis ab und notieren Sie Ihre Aufgaben und Tätigkeiten in der jetzigen Funktion.

2. Schritt: Benennen Sie die erforderlichen fachlichen Kompetenzen

Formulieren Sie zu jeder Aufgabe/Tätigkeit die dafür notwendigen fachlichen Kompetenzen (Wissen, Kenntnisse und Fertigkeiten).

3. Schritt: Entwickeln Sie das Kompetenz-Soll-Profil

Stufen Sie ein, wie ausgeprägt jede Kompetenz aus Ihrer Sicht sein muss: 1 = Anfänger, 2 = Fortgeschrittener, 3 = Spezialist.

4. Schritt: Schätzen Sie Ihr Ist-Profil ein

Tragen Sie nun bei jeder Kompetenz ein, wie diese bei Ihnen tatsächlich ausgeprägt ist: 1 = Anfänger, 2 = Fortgeschrittener, 3 = Spezialist.

5. Schritt: Werten Sie das Soll-Profil und Ihr Ist-Profil aus

Freuen Sie sich über die Kompetenzen, die Sie bereits besitzen. Arbeiten Sie dann heraus, bei welchen Kompetenzen eine Differenz vorhanden ist und somit Veränderungsbedarf besteht. Definieren Sie, welchen Veränderungsbedarf Sie als passend ansehen: Rüsten Sie notwendige Kompetenzen nach oder ziehen Sie im umgekehrten Fall in Erwägung, Ihre Position zu wechseln.

6. Schritt: Gleichen Sie Ihr Selbstbild mit einem Fremdbild ab

Nutzen Sie Ihr Kompetenzprofil als Diskussionsgrundlage, um sich dazu in einem Feedback- oder Jahresgespräch mit Ihrer Führungskraft auszutauschen. Es eröffnet Ihnen die Möglichkeit zu erfahren, wie Ihre Führungskraft Ihre fachlichen Kompetenzen einschätzt und welche Weiterentwicklung aus Sicht Ihrer Führungskraft im nächsten Schritt ansteht.

DIGITAL FÜHREN: **Nutzen Sie digitale fachliche Weiterbildungen**

Die Ansprüche an Ihre fachlichen Kompetenzen sind beim analogen und digitalen Führen identisch. Sollten Sie beim Erarbeiten Ihres Kompetenzprofils feststellen, dass Sie fachlichen Weiterentwicklungsbedarf haben, sind virtuelle Settings dafür gut geeignet. Denn bei fachlichen Weiterbildungen geht es in erster Linie um Wissensvermittlung, die nicht unbedingt ein Präsenzformat erfordert – die Sachebene steht im Vordergrund. Ihr Vorteil ist, dass Sie sich bei digitalen Weiterbildungen die Reisekosten und Anfahrtszeit sparen. Wenn die Fortbildung aus modularen Bausteinen besteht, können Sie diese zudem in Ihren Arbeitsalltag integrieren und das neue Fachwissen direkt anwenden.

> *KOMPAKT:* **Fachliche Kompetenzen**
>
> ✓ Ihre fachlichen Kompetenzen setzen sich aus Ihrem Wissen, Ihren Kenntnissen und Ihren Fertigkeiten zusammen.
> ✓ Sie sammeln (zeitlebens) Wissen in Ausbildungen, Studiengängen und Weiterbildungen.
> ✓ Im Arbeitsalltag wandeln Sie Ihr Wissen in Erkenntnisse und dann in praxisrelevante Kenntnisse um. Indem Sie notwendige Fertigkeiten (Arbeitsweisen und Routinen) erwerben, bringen Sie Ihre Kenntnisse auf die Strecke.
> ✓ Durch ein Kompetenzprofil gewinnen Sie Klarheit, wie gut Ihre fachlichen Kompetenzen zu Ihrer aktuellen oder künftigen Führungsposition passen.
> ✓ Je höher Sie in der Führungshierarchie aufsteigen, desto weniger tief sollten Sie im Fachexpertentum stecken. Denn die fachlichen Kompetenzen im operativen Bereich sollten bei Ihrer Abteilungs-/Teamleitung und deren Mitarbeitenden liegen. Deshalb brauchen Sie einen regelmäßigen und qualitativen Austausch mit Ihren Führungskräften, um entscheidungs- und handlungsfähig zu sein.

Methodische Kompetenzen

Führungskräfte brauchen methodische Kompetenzen, um fach- und situationsübergreifend handlungsfähig zu sein.[16] Einmal erworben, liefern sie langfristig einen Mehrwert. Insbesondere IT-Kompetenzen sind entscheidend – das wurde durch die Corona-Pandemie hierarchie- und branchenübergreifend deutlich. Folgende vier methodische Kompetenzen sind für Führungskräfte wesentlich:

1. Informationen beschaffen, strukturieren und auswerten
Ihnen gelingt es bei Aufgaben schnell, zu identifizieren, welche Informationen relevant sind und wie Sie diese erhalten. Es fällt Ihnen leicht, die generierte Menge an Informationen logisch zu strukturieren und Zusammenhänge zu erkennen.

2. Sachverhalte aufbereiten
Es gelingt Ihnen, Informationen mündlich oder schriftlich darzustellen, sodass die Adressaten die zentralen Botschaften schnell verstehen und einordnen können. Das kann z. B. in E-Mails, Telefonaten, Besprechungen, Konzepten und digitalen Präsentationen erfolgen. Die von Ihnen formulierten Schlussfolgerungen untermauern Ihren Expertenstatus.

3. IT-Hard- und Software kennen und anwenden
Sie sollten die MS-Office-Programme – oder vergleichbare IT-Programme – gut beherrschen, um damit informieren (Outlook), planen (Project), auswerten (Excel), darstellen

(Word und PowerPoint) und sich abstimmen (Teams) zu können. Außerdem brauchen Sie regelmäßigen Austausch mit Ihrem Team zu dessen Arbeitsanforderungen, um zu wissen, welche IT-Hard- und Software Ihre Mitarbeitenden aktuell benötigen. Gehen Sie dann proaktiv auf Ihre IT-Abteilung zu und beantragen Sie die notwendige Ausstattung – dadurch sorgen Sie dafür, dass Ihr Team arbeitsfähig bleibt. Ihre Mitarbeitenden nutzen täglich IT-Programme für die operativen Aufgaben und sind deshalb in deren Anwendung meist fitter als Sie. Das sollte Sie nicht irritieren, denn Ihre Aufgabe ist eine andere: Sorgen Sie dafür, dass in Ihrem Team IT-Kompetenzen auf mehrere Schultern verteilt sind, damit sich in Vertretungssituationen oder bei Kündigungen keine Lücken auftun.

4. Fremdsprachen beherrschen
Sie können sich in Wort und Schrift in den Fremdsprachen ausdrücken, die für Ihre Führungsverantwortung erforderlich sind.

IMPULS: **Ermitteln Sie den Status quo Ihrer methodischen Kompetenzen**

Um Ihr Kompetenzprofil abzurunden, können Sie den Status quo Ihrer methodischen Kompetenzen darin festhalten. Auch hierzu empfiehlt es sich, dass Sie in den Austausch mit Ihrer Führungskraft oder Ihrem Personalreferenten gehen.

Informationen beschaffen, strukturieren und auswerten
- Wie beschaffen Sie für Ihr Team fachliche Informationen (intern und extern)?

- Wie unterscheiden Sie wesentliche von unwesentlichen Informationen?
- Welche Schlüsse und Empfehlungen für Ihr Team ziehen Sie aus der Analyse der Informationen?

Sachverhalte aufbereiten

- Welche Rückmeldungen erhalten Sie von Ihrem Vorgesetzten und aus Ihrem Team dazu, wie strukturiert und logisch Sie fachliche Informationen aufbereiten?
- Wie gut gelingt es Ihnen, Ergebnisse und fachliche Empfehlungen Ihrem Team, Ihren Vorgesetzten und Schnittstellen zu vermitteln?
- Was müssten Sie verändern, um in Ihrer Vermittlung (schriftlich oder mündlich) nachvollziehbarer für Ihre Adressaten zu werden?

IT-Hard- und Software kennen und anwenden

- Wie klar ist Ihnen in Ihrer Experten-Rolle, welche IT-Tools und Hardware-Ausstattung aktuell von Ihrem Team genutzt werden? Wie schätzen Sie Ihre eigenen Fertigkeiten im Umgang mit diesen ein?
- Wie regelmäßig überprüfen Sie mit Ihren Mitarbeitenden, welche Hard- und Software sie brauchen, um auch künftig arbeitsfähig zu sein?

Fremdsprachen beherrschen

- Formulieren Sie, welche Fremdsprachen-Kompetenz Ihre aktuelle Stelle verlangt und wie ausgeprägt sie sein sollte. Gleichen Sie diese mit Ihrem aktuellen Level der jeweiligen Fremdsprache ab.
- Welcher Entwicklungsbedarf ergibt sich dadurch?

DIGITAL FÜHREN: Ihre IT-Kompetenz ist entscheidend

Als digitale Führungskraft sind Ihre IT-Kompetenzen gefragt, um folgende Aspekte für das mobile Arbeiten abzuklären:

- **Stimmt die Hardware?** Klären Sie ab, ob die Ausstattung mobiles Arbeiten bei jedem Mitarbeitenden erlaubt.
- **Stimmt der Zugriff?** Um mobil arbeitsfähig zu sein, benötigen Sie und Ihr Team VPN-Clients, um von extern auf die Firmen-Server zugreifen zu können. Nur durch den VPN-Tunnel können Sie Daten sicher öffnen, bearbeiten und abspeichern.
- **Stimmt die Datenspeicherung?** Sie brauchen einheitliche Vorgaben, wo Daten abgespeichert werden, damit Sie und Ihre Mitarbeitenden effizient notwendige Informationen und Dokumente finden. Grundsätzlich muss entschieden werden, ob Daten auf Netz-Laufwerken, in Microsoft Sharepoint oder in Cloud-Services , wie z. B. OneDrive oder Dropbox Professional, gesichert werden.
- **Stimmt die Software?** Klären Sie ab, welche Software Ihre Organisation für den digitalen Austausch erlaubt. Testen Sie die zur Verfügung gestellte Software, wie z. B. Microsoft Teams, um zu klären, wie gut dieses Tool zu Ihren Anforderungen passt.

Wenn die Themen rund um Hardware, Zugriff, Datenspeicherung und Software geklärt sind, beginnt die nächste Phase des digitalen Führens. Sie definieren die Regeln für die digitale Zusammenarbeit und klären, welches Tool für was genutzt wird. Aus Ihrer Experten-Rolle sollten Sie auch bei Ihren Mitarbeitenden die IT-Kompetenzen schärfen. Das bedeutet beispielsweise im Hinblick auf IT-Security, dass Sie immer wieder ein Bewusstsein für die Gefahren von Social Engineering schaffen. Das Ziel von Hackern beim Social Engineering ist es, über einzelne Mitarbeitende an vertrauliche Informationen wie z. B. Passwörter oder Daten der Organisation zu gelangen. Beim mobilen Arbeiten – außerhalb der Firmen-Firewalls – gibt es dafür ein erhöhtes Risiko. Es muss klar sein, nur den VPN-Tunnel zu nutzen, um Daten sicher zu bearbeiten, keine USB-Sticks aus dem Privatbereich am Firmenrechner zu nutzen und verdächtige E-Mails (Phishing) zu melden bzw. zu löschen. Sollten Sie beim Lesen der letzten Sätze gedacht haben «Alles klar, kenne ich, setzen wir schon um!», dann sind Sie in diesen Punkten gut aufgestellt. Wenn die Schilderungen und Begriffe bei Ihnen Fragezeichen auslösen, sollten Sie Ihre IT-Kompetenz durch Ihr Team oder Ihre IT-Abteilung ausbauen.

Beim digitalen Führen ist entscheidend, dass Sie routiniert mit der Hardware und Software umgehen können, damit Sie sich auf den kommunikativen und inhaltlichen Austausch konzentrieren können.

KOMPAKT: **Methodische Kompetenzen**

✓ Methodisch kompetente Führungskräfte können unterscheiden, welches die relevanten Informationen für sie und ihre Mitarbeitenden sind. Das bedeutet, dass Sie als Führungskraft wissen, über welche Kanäle Sie diese Informationen beschaffen können. Es fällt Ihnen leicht, komplexe Informationen sinnvoll zu strukturieren und die richtigen Schlüsse zu ziehen, um handlungsfähig zu sein.

- ✓ Aus der Experten-Rolle bereiten Sie fachliche Sachverhalte so auf, dass Sie die Adressaten zielgruppenspezifisch erreichen.
- ✓ Ihre IT-Kompetenz ist das Fundament, um sämtliche Führungsaufgaben wirksam umsetzen zu können. Egal ob Sie analog, digital oder hybrid führen, brauchen Sie für alle Formen der Führung IT-Technologien. Denn es kommen Software-Lösungen bei Ihnen alltäglich zum Einsatz, z.B. bei Ihrem eigenen Projekt- und Zeitmanagement, bei der Steuerung von Geschäftsprozessen, bei der Nutzung von Personalmanagementsystemen und Datenbanken sowie beim Austausch mit Ihrem Team über E-Mail, Messenger, Chat und Video-Anrufe.
- ✓ Aus Ihrer Experten-Rolle haben Sie die Verantwortung zu überprüfen, welche Hard- und Software Ihre Mitarbeitenden brauchen, um arbeitsfähig zu sein, und welche Fortbildungen notwendig sind, um die IT-Technologien anwenden zu können.
- ✓ Um in Ihrer IT-Kompetenz auf dem Laufenden zu bleiben, brauchen Sie den regelmäßigen Austausch im Führungskreis, zu Ihrer IT-Abteilung und in Ihre Experten-Netzwerke. Nicht zu vergessen sind IT-affine Mitarbeitende, von denen Sie Hilfestellungen und Wissensvermittlung erhalten können.

Feldkompetenz

Feldkompetenz beschreibt Ihre praktischen Erfahrungen – also Ihren Erfahrungsschatz, den Sie in verschiedenen Kulturen, Kontexten, Branchen, Organisationen, Abteilungen und Positionen gesammelt haben. Dazu zählen bei Ihnen sämtliche Stationen, die Sie geprägt haben, wie z. B.:
- Wehr-, Zivil- oder Freiwilligendienst
- Berufsausbildungen
- (Auslands-)Praktika und Werkstudententätigkeiten
- Ehrenamt
- Nebentätigkeit
- berufliche Stationen im In- und Ausland

Mit einer ausgeprägten Feldkompetenz führen Sie fachlich sicherer und überzeugender. Denn in Ihren unterschiedlichen beruflichen Stationen haben Sie Einblicke gewonnen und Erfahrungen gesammelt, auf die Sie bei Recherchen, Entscheidungen oder Krisen zurückgreifen können. Sie wissen, wie es in anderen Kontexten läuft, und können dadurch Situationen vergleichen und einordnen. Sie bringen den Blick über den Tellerrand in Ihre jetzige Führungsverantwortung ein.

IMPULS: Welchen Mehrwert bringt Ihr Erfahrungsschatz?
- Welche Stationen gab es bisher in Ihrer beruflichen Laufbahn? Was haben Sie aus diesen als Experte gelernt?

- Welche methodischen Erfahrungen haben Sie aufgrund Ihrer ehrenamtlichen Tätigkeit gesammelt? Und wie haben Sie diese geprägt?
- Welchen Reichtum an Feldkompetenz haben Sie und wie können Sie diesen in Ihrer Kommunikation in der Führungsverantwortung nutzen?

DIGITAL FÜHREN: **Einfluss Ihrer Feldkompetenz**

Machen Sie sich bewusst, wie viel Expertise Sie im digitalen Führen aus Ihren Stationen mitbringen. Wie digital haben Sie bisher Ihre Mitarbeitenden geführt? Sollten Sie aus Ihrem Berufsleben gewohnt sein, mobil zu arbeiten und digital zu führen, kann es einem Kulturschock gleichkommen, wenn Ihre neue Organisation bei diesen Themen noch in den Kinderschuhen steckt. Nutzen Sie in solchen Kontexten Ihren Erfahrungsschatz, um mit Ihren Mitarbeitenden eine für Sie passende mobile Arbeitswelt zu etablieren.

Schauen Sie auch darauf, welche digitalen Erfahrungen Sie in Ihrem Ehrenamt oder bei einer Nebentätigkeit gesammelt haben. So bauen Sie zum Beispiel Feldkompetenz für das digitale Führen auf, wenn Sie als Sprecherin in einem Verband virtuelle Besprechungen über Zoom organisieren und moderieren.

> *KOMPAKT:* **Feldkompetenz**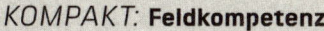
>
> ✓ Ihre Feldkompetenz umfasst alle praktischen Erfahrungen, die Sie in verschiedenen Kulturen, Kontexten, Branchen, Organisationen, Abteilungen und Positionen gesammelt haben.
> ✓ Sie können auf diesen Erfahrungsschatz zurückgreifen, um aus Ihrer Experten-Rolle aktuelle Fachthemen zu lösen und Entscheidungen zu treffen.
> ✓ Nutzen Sie in Ihrer fachlichen Kommunikation auch Argumente aus früheren Stationen, die sich auf Ihre jetzige berufliche Situation transferieren lassen.
> ✓ Oftmals sammeln Führungskräfte in Nebentätigkeiten oder Ehrenämtern nebenbei IT-Kenntnisse, die sich positiv auf ihre IT-Kompetenz auswirken.

Netzwerke

Auch Ihre fachlichen Netzwerke sind im Kern soziale Netzwerke, denn sie beginnen durch einen ersten positiven zwischenmenschlichen Kontakt. Wenn sich mit Personen aus einem Erstkontakt ein vertiefter und wiederholter Austausch entwickelt, werden diese Teil Ihres fachlichen Netzwerks. So knüpfen Sie Netzwerke sowohl innerhalb als auch außerhalb Ihrer Organisation.

Netzwerke zeichnet aus, dass sie einen informellen Charakter haben und so lange bestehen, wie sie für die Beteiligten von Nutzen sind.[17] Deshalb sollten Sie regelmäßig überprüfen, ob gewisse Netzwerke ihre Bedeutung für Sie verloren haben. Dann sollten Sie sich nicht scheuen, diese ruhen zu lassen oder bewusst zu beenden. Denn Ihre fachlichen Netzwerke haben dann für Sie einen Mehrwert, wenn Sie dadurch wichtige Informationen und Unterstützung für Ihren beruflichen Alltag erhalten. Wie können Sie Netzwerke im Berufsleben aufbauen?

Netzwerke in der Organisation: Im Arbeitsalltag knüpfen Sie fachliche Netzwerke, indem Sie mit Fach- und Führungskräften aus anderen Bereichen in Projekten zusammenarbeiten. Sollten Sie feststellen, dass einzelne Projektbeteiligte über die laufende Zusammenarbeit hinaus spannende Sparringspartner für Sie sind, initiieren Sie einen fachlichen Austausch außerhalb der Projektzusammenkünfte. Nutzen Sie hierfür auch ein gemeinsames Mittagessen oder eine Kaffeepause – dadurch erweitern Sie automatisch Ihr internes Netzwerk.

Weitere gute Gelegenheiten, um Ihr internes Netzwerk zu erweitern, sind Fort- und Weiterbildungsangebote Ihrer Organisation, wie z. B.:

- Führungskräfte-Programme
- Fachliche Weiterbildungen
- Spezialformen wie Mentoring- und Talentprogramme

Netzwerke außerhalb der Organisation: Bereits während Ihrer Ausbildungs- und Studienzeit bilden Sie Ihre ersten fachlichen Netzwerke, die nach Ihrem Abschluss oft in organisierter Form genutzt werden können, wie z. B. Alumni-Vereine. Außerdem gibt es institutionalisierte Netzwerke, zu denen Sie entweder eingeladen werden oder die Sie sich bewusst aussuchen.

- Überregionale und regionale Vereine mit fachspezifischer Ausrichtung (z. B. VDI Verein Deutscher Ingenieure und VBI Bayern Verband Beratender Ingenieure) oder mit fachübergreifender Ausrichtung (z. B. Wirtschaftsjuniorinnen oder -junioren)
- Kongresse und Messen sowie Fachvorträge – digital und analog
- Digitale Netzwerke mit unterschiedlichen Schwerpunkten und speziellen Fachgruppen, wie z. B. LinkedIn und XING

IMPULS: **Netzwerke**
Alle Netzwerke fordern von Ihnen Aufmerksamkeit und Zeit. Deshalb sollten Sie aus Ihrer Experten-Rolle immer wieder

überprüfen, wie viel Zeit Sie investieren wollen und welchen Mehrwert Sie aus den Netzwerken ziehen.

Netzwerke in der Organisation:
- Mit welchen ehemaligen Kollegen beziehungsweise Kolleginnen oder Projektbeteiligten haben Sie ein fachliches Netzwerk entwickelt? Welchen fachlichen Nutzen ziehen Sie aus diesem Austausch?
- Welche Netzwerk-Kontakte möchten Sie reduzieren? Und welche möchten Sie aktivieren?

Netzwerke außerhalb der Organisation:
- Notieren Sie, in welchen regionalen und überregionalen Netzwerken Sie aktuell verankert sind.
- Formulieren Sie die Vorteile, die das jeweilige Netzwerk für Sie hat.
- Leiten Sie für sich ab, aus welchen Netzwerken Sie sich verabschieden möchten. Nur dann können Sie sich auf die jetzt für Sie relevanten Netzwerke fokussieren.
- Entscheiden Sie, welche Netzwerke interessant für Sie sind. Bei welchen wollen Sie mehr Zeit investieren oder neu beitreten?

DIGITAL FÜHREN: **Nutzen Sie digitale Möglichkeiten zum Netzwerken**

Aufgrund der digitalen Möglichkeiten können Sie Ihre überregionalen Netzwerke mit geringem Aufwand pflegen. Viele Vereine bieten digitale Formate mit Fachvorträgen und anschließendem virtuellem Get-together an, um Ihre Mitglieder zu vernetzen. Wenn es sich dabei um bestehende Netzwerkkontakte von Ihnen handelt, ist der Wechsel zwischen Präsenztreffen und digitalem Austausch schnell und leicht möglich. Denn die Beziehungsebene zwischen Ihnen und den Beteiligten ist bereits aufgebaut und erlaubt schnelleres Andocken.

Beim Aufbau von neuen Netzwerken ist die rein digitale Form herausfordernder, da die persönliche Verbindung zunächst fehlt. Immer wenn es darum geht, dass vertrauensvoller Austausch stattfindet, d. h. über sensible fachliche Informationen gesprochen wird, ist eine stabile Beziehungsebene zwischen den Netzwerkern und Netzwerkerinnen die Voraussetzung. Diese Grundlage wird meistens durch ein erstes analoges, persönliches Treffen gelegt.

Die rein digitalen Netzwerk-Plattformen, wie z. B. XING oder LinkedIn, sind im ersten Schritt geeignet für eine oberflächliche Vernetzung. Wenn Sie zu speziellen Fachgruppen eingeladen werden, können Sie dadurch in einen vertieften fachlichen Austausch einsteigen, der Sie in Ihrer Experten-Rolle weiterbringt. Oder Sie vereinbaren virtuelle Treffen mit den anderen Experten aus Ihrer Fachgruppe, um konkrete Fragestellungen außerhalb von XING oder LinkedIn zu diskutieren.

KOMPAKT: **Netzwerke**

✓ Sie knüpfen Netzwerke mit anderen Expertinnen und Experten für Anregungen, Austausch und Anschluss.
✓ Fachliche Netzwerke bestehen so lange, wie sie für Sie und die Beteiligten einen Nutzen haben.

- ✓ Als Führungskraft können Sie innerhalb Ihrer Organisation durch Projektarbeit sowie Fort- und Weiterbildungen Netzwerke bilden – immer dann, wenn Sie bereichsübergreifend mit Kollegen und Kolleginnen zusammenkommen und den fachlichen Kontakt pflegen.
- ✓ Beim mobilen Arbeiten sind virtuelle Pausen (Kaffee, Mittagessen, Feierabend) gute Möglichkeiten, um im Austausch zu bleiben – fachlich und zwischenmenschlich.
- ✓ Außerhalb Ihrer Organisation bieten Ihnen Vereine, Messen, Kongresse und Vorträge die Möglichkeit, mit externen Fachleuten in einen fachspezifischen und fachübergreifenden Austausch zu gehen.
- ✓ Außerdem können Sie Ihr Netzwerk durch digitale Plattformen ergänzen, die überregionalen Austausch erleichtern.

Nach der intensiven Auseinandersetzung mit der Experten-Rolle kennen Sie nun Ihr fachliches Fundament. Das gibt Ihnen die Sicherheit zu wissen, bis wohin Sie als Führungskraft entscheidungs- und handlungsfähig sind und ab wann Sie (externe) Fachleute oder Ihre eigene Führungskraft einbeziehen müssen. Mit diesen Erkenntnissen können Sie nun im nächsten Kapitel in die Verantwortlichen-Rolle eintauchen, um die notwendigen Werkzeuge für orientierendes Führen kennenzulernen.

Verantwortlicher: Wie geben Sie Orientierung?

Denken Sie an Ihre aktuelle Führungsfunktion: Für was und wen übernehmen Sie die Verantwortung? Führen Sie hierarchisch, lateral und auch nach oben? Sind Sie als Chefin für andere Führungskräfte zuständig? Führen Sie als Projektleiter lateral, das heißt von der Seite? Oder führen Sie als Teamleiterin zusätzlich zu Ihrem Team in fachlicher Hinsicht auch Ihre Vorgesetzten? Unabhängig davon, welche Funktion Sie haben, sind Sie immer verantwortlich dafür, dass fachliche Themen von Menschen gut umgesetzt werden. Deshalb ist die Verantwortlichen-Rolle Bestandteil des *movente*-Führungsmodells, aus der Sie orientierend führen und kommunizieren. Orientierung geben Sie in zweifacher Hinsicht: Einerseits kommunizieren Sie strategische und organisationale Rahmenbedingungen und geben dadurch Ihren Mitarbeitenden Ausblick, wohin sich Ihre Organisation bzw. Ihr Team in Zukunft entwickelt. Andererseits sorgen Sie idealerweise bei Ihren Mitarbeitenden im Arbeitsalltag für Orientierung, indem Sie Ziele setzen, Informationen weitergeben, Entscheidungen treffen, Aufgaben delegieren, einen Soll-Ist-Abgleich vornehmen und regelmäßig Feedback geben.

Verantwortung für strategische Themen

Als obere Führungskraft sind Sie für das Vordenken von übergeordneten Themen verantwortlich, um Ihrer gesamten Belegschaft den notwendigen Ausblick für die nächsten Jahre zu geben. Diese sind:
- Vision, Selbstverständnis und Strategie
- Organisation: Aufbau und Ablauf
- Fehler- und Konfliktkultur etablieren und leben

Grundsätzlich ist es ideal, wenn die strategische Ausrichtung Ihrer Organisation in einem gemeinsamen Prozess über die Hierarchieebenen hinweg in regelmäßigen Abständen fein justiert und überprüft wird. Die daraus resultierenden Ergebnisse sollten durch einen abgestimmten Kommunikationsplan allen Mitarbeitenden vermittelt werden. Klären Sie deshalb ab, inwieweit Sie bei diesem Prozess involviert oder sogar verantwortlich sind: Welche Erwartungshaltung ist mit Ihrer Führungsfunktion verbunden? Somit erfahren Sie, was Sie beitragen sollen und was Sie von Ihren Vorgesetzten an strategischer Führungsarbeit erwarten können. Folgende Fragen helfen Ihnen dabei, die Verantwortung zu klären.

IMPULS: Reflektieren Sie Ihre Verantwortung für strategische Themen

Vision, Selbstverständnis und Strategie
Sollen Sie Strategieprozesse für Ihre Organisation initiieren? Oder sollen Sie sich bei bestimmten Themen in den Prozess einklinken? Vielleicht erhalten Sie von Ihrer Führungskraft die erarbeiteten Ergebnisse und sind verantwortlich dafür, diese an Ihr Team weiterzugeben?

Organisation: Aufbau und Ablauf
Liegt Organisationsentwicklung in Ihrer Verantwortung? Und inwieweit können Sie die vorgegebene Aufbau- und Ablauforganisation verändern? Wer sind Ihre internen Ansprechpartner und Entscheider zu diesen Themen?

Fehler- und Konfliktkultur etablieren und leben
Inwiefern ist in Ihrem Wirkungskreis eine Erneuerung der Fehlerkultur erforderlich? Was ist Ihr Beitrag, um diese Veränderungen voranzubringen? Welche Konfliktkultur wird in Ihrem Bereich gelebt – offen und lösungsorientiert, oder wird eher nach Schuldigen gesucht? Und welchen Einfluss haben Sie, diese zu verändern?

Die Antworten, die Sie auf die oben stehenden Fragen finden, zeigen Ihnen, wie proaktiv und gestaltend Sie in strategische Themen eingreifen können und auch dürfen. Das hängt stark von Ihrer Position und der Organisationskultur ab. Wenn es bei Ihnen keinen klar strukturierten Beteiligungsprozess gibt, dann sollten Sie den Austausch mit Ihrer Führungskraft einfordern, um Ihre Verantwortung abzuklären.

KOMPAKT: **Verantwortung für strategische Themen**

✓ Die Organisationskultur und Ihre Hierarchieebene beeinflussen, wie stark Sie für strategische Themen Verantwortung übernehmen dürfen.

✓ Wenn Sie auf oberster Ebene die Vision, das Selbstverständnis und die Strategie gestalten, ist es Ihre Verantwortung, die oberen Führungskräfte angemessen in den Prozess einzubinden und die Informationsweitergabe sicherzustellen.

✓ Jede Führungskraft ist verantwortlich dafür, ausreichend Informationen einzuholen und diese zielgruppenspezifisch an ihre Mitarbeitenden zu kommunizieren.

✓ Als Führungskraft haben Sie die Verantwortung, die Aufbau- und Ablauforganisation regelmäßig zu überprüfen und Veränderungen proaktiv anzustoßen.

✓ Wenn Sie eine lösungsorientierte Fehler- und Konfliktkultur etablieren wollen, kommt es darauf an, wie Sie mit Ihren eigenen Fehlern und denen der Mitarbeitenden umgehen.

Führungswerkzeuge für orientierendes Führen

Jede Führungskraft hat die Verantwortung, auch bei ihren Mitarbeitenden für den notwendigen Durchblick zu sorgen. Wenn Sie die nachfolgenden sechs Führungswerkzeuge regelmäßig reflektieren und nutzen, geben Sie Orientierung im Arbeitsalltag.

- Ziele SMART formulieren und kommunizieren
- Kontaktstil für eine passende Informations- und Besprechungskultur gestalten
- Entscheidungen vorbereiten und treffen
- Aufgaben motivierend delegieren
- Soll-Ist-Abgleich vornehmen
- Feedback geben und nehmen

Ziele SMART aufsetzen und kommunizieren

Aus der Verantwortlichen-Rolle formulieren Sie Ziele für Ihre Führungskräfte und Mitarbeitenden, um ihnen zu verdeutlichen, was sie künftig individuell oder gemeinsam als Team erreichen sollen.[18] Machen Sie sich deshalb zuerst Gedanken darüber, für welche Ebene Sie Ziele formulieren: Sind es Organisations-, Team- und/oder Individual-Ziele? Wenn Sie dann die Ziele aufsetzen, sollten Sie die SMART-Kriterien nutzen – denn konkrete und herausfordernde Ziele wirken motivierend.[19]

- **S**pezifisch, d. h. präzise und anschaulich
- **M**essbar, d. h. qualitativ und/oder quantitativ
- **A**ttraktiv, d. h. erstrebenswert und sinnvoll
- **R**ealistisch, d. h. erreichbar und machbar
- **T**erminiert, d. h. datiert und verbindlich

Nachstehendes Beispiel zeigt Ihnen, wie die abstrakt klingenden SMART-Kriterien auf Organisations-, Team- und Individual-Ebene konkret angewandt werden können. Stellen Sie sich vor, Sie leiten eine Kindertagesstätte mit 27 Mitarbeitenden. Ihr Team hat sich im letzten Jahr deutlich vergrößert und es fällt Ihnen auf, dass in der Teambesprechung vertiefter fachlicher Austausch zu kurz kommt. Dadurch fehlt es Ihrem Team an fachlicher Orientierung, und Ihnen fehlt ein Element der Qualitätssicherung. Um sowohl Ihre Geschäftsführerin als auch Ihre Stellvertreterin darüber zu informieren, was Sie mit der Neugestaltung der Teambesprechung gemeinsam erreichen wollen, formulieren Sie folgendes Organisations-Ziel:

> Wir werden unsere Teambesprechung aufgrund der Größe des Gesamtteams ab September neu aufsetzen, um wieder mehr interaktiven fachlichen Austausch zu ermöglichen. Das bedeutet, wir kürzen die Informationsweitergabe im Plenum auf 30 Minuten und teilen uns dann für 60 Minuten in zwei Gruppen auf, um unter Moderation vertieft Fälle aus dem Team zu beraten. Danach schließen wir die Teambesprechung mit 30 Minuten Zusammenfassung im Plenum ab, um allen die Ergebnisse aus den zwei Gruppen zur Verfügung zu stellen.

Nachdem Ihre Geschäftsführerin und Ihre Stellvertreterin das Organisations-Ziel als erstrebenswert und gut umsetzbar bewertet haben, geben Sie dieses an Ihr Team weiter und ergänzen es um ein SMARTes Team-Ziel:

Ab September bitte ich jedes Teammitglied zwei Tage vor der Teamsitzung zu überprüfen, ob Bedarf für eine Fallberatung besteht, und diesen meiner Stellvertreterin mitzuteilen. So kann sie im Vorhinein die Themen priorisieren und die richtige Anzahl an Fällen für die 60 Minuten einplanen. Dadurch könnt Ihr in beiden Gruppen an Euren tatsächlichen Fällen aus der Praxis arbeiten und gemeinsam Lösungen für die Umsetzung entwickeln.

Da Sie für die Umsetzung in den beiden Gruppen zwei Moderatoren benötigen, formulieren Sie folgendes Individual-Ziel für Ihre Stellvertreterin:

Bitte übernimm du die Moderation in einer Gruppe, damit die Teammitglieder in den sechzig Minuten die Fälle gut priorisieren können, du bei Konflikten eingreifen kannst und die Ergebnisse bzw. Maßnahmen durch dich gesichert werden. Damit gewährleistest du für die Kollegen und Kolleginnen gewinnbringende Fallberatungen.

IMPULS: **Nutzen Sie SMARTe Ziele für mehr Durchblick**

Wenn Sie das nächste Mal Ziele aufsetzen, können Sie sich an den nachstehenden drei Schritten orientieren:

Schritt 1: Vorbereiten

Formulieren Sie Ihre Ziele mittels der SMART-Kriterien schriftlich aus. Damit klären Sie zunächst für sich, welchen Zielzustand Sie anstreben und welche wichtigen Kriterien Ihre Empfänger dafür zur Orientierung brauchen.

Schritt 2: Durchführen
Geben Sie die Ziele in einem persönlichen Gespräch weiter und tauschen Sie sich direkt mit den Empfängern dazu aus. Was brauchen diese zur Zielerreichung? Durch diesen Dialog erfahren Sie ebenfalls, wie realistisch und sinnvoll Ihr Gegenüber das Ziel einschätzt.

Schritt 3: Nachbereiten
Formulieren Sie die Ziele schriftlich, um sie allen Beteiligten zukommen lassen zu können. Dadurch schaffen Sie Transparenz und Verbindlichkeit. Nutzen Sie Soll-Ist-Abgleiche, um die Umsetzung zu begleiten (siehe S. 122).

DIGITAL FÜHREN: **Ziele rücken in den Vordergrund, um Leistung sichtbar zu machen**

Oft wird beim Arbeiten in Präsenz die bloße Anwesenheit im Büro mit Leistungserbringung gleichgesetzt. Diese Sichtweise stimmt schon in der analogen Welt nicht und verliert jede Berechtigung in der digitalen Arbeitswelt. Deshalb sollten Sie insbesondere als digitale Führungskraft die Leistung Ihrer Mitarbeitenden an deren Ergebnissen messen. Damit Ihre Mitarbeitenden wissen, was erreicht werden soll, brauchen sie Ziele. Nutzen Sie insbesondere kurzfristige Ziele (d. h. mit einer Umsetzungsphase von ein bis vier Wochen, diese sind als agiles Werkzeug als Sprint-Ziel bekannt), um Ihre Erwartungen an Ihre Mitarbeitenden für einen überschaubaren Zeitraum klar zu kommunizieren. Dies hilft Ihnen dabei, sich in kurzen Abständen zum Status quo abzugleichen. Somit machen Sie Leistung in Etappen sichtbar, was auch zur Motivation und dem Gefühl von Selbstwirksamkeit

Ihrer Mitarbeitenden beiträgt. Außerdem können Sie schneller gegensteuern, falls die Umsetzungen in die falsche Richtung laufen. Ein Knackpunkt bei den kurzfristigen Zielen ist das SMART-Kriterium «realistisch»: Sie und Ihre Mitarbeitenden müssen sich bei Sprint-Zielen klar werden, was in der kurzen Zeitspanne realistisch erreichbar ist.

> *KOMPAKT:* **Ziele als Orientierung für Ihre Mitarbeitenden**
>
> ✓ Als Führungskraft formulieren Sie Ziele, um Ihren Mitarbeitenden klar zu machen, was individuell oder gemeinsam erreicht werden soll.
> ✓ Ziele können für drei Ebenen formuliert werden – Organisations-, Team- oder Individual-Ziele – und sollten gut aufeinander abgestimmt sein.
> ✓ Um Ziele für Ihre Mitarbeitenden motivierend und nachvollziehbar zu formulieren, nutzen Sie die SMART-Kriterien.
> ✓ Kommunizieren Sie Ihre Ziele im persönlichen Gespräch, das kann in Präsenz oder virtuell erfolgen. Erfragen Sie dabei die Sichtweise Ihres Gegenübers, um ggf. Änderungen einzubauen, damit sich auch Ihre Mitarbeitenden mit den Zielen identifizieren können.
> ✓ Beim digitalen Führen sind Sprint-Ziele mit einem Umsetzungszeitraum von 1–4 Wochen hilfreich, um Leistung sichtbar zu machen und bei Abweichungen schnell gegenzusteuern.

Kontaktstil für eine passende Informations- und Besprechungskultur gestalten

Ihr Kontaktstil beschreibt, wie Sie die Sach- und Beziehungsebene mit geplanten und spontanen Begegnungen für jeden Einzelnen und Gruppen gestalten.[21] Reflektieren Sie deshalb, wie gut Ihr Kontaktstil zu Ihrer Führungsverantwortung und zu Ihren Mitarbeitenden passt. Nutzen Sie dafür die folgenden Fragen:

- **Sach- und Beziehungsebene:** Wie gut gelingt es Ihnen, sich mit Ihren Mitarbeitenden sowohl zu fachlichen als auch zu persönlichen Themen auszutauschen?
- **Individual- und Gruppenebene:** Sind Sie mit jedem Einzelnen und Ihrem Team im Austausch?
- **Institutionalisiert und bei Bedarf:** Findet der Austausch geplant und regelmäßig statt? Wie gut ermöglichen Sie auch spontane Kontaktaufnahme?
- **Beruflicher und privater Kontext:** Wissen Sie, bei welchen privaten Zusammenkünften Ihrer Mitarbeitenden Sie sich als Führungskraft bewusst ausklinken sollten?

Haben Sie einen passenden Kontaktstil für Ihre Führungsfunktion entwickelt, bedeutet es nicht, dass dieser auf alle Zeit so bleiben muss. Wenn sich Veränderungen abzeichnen, sprich sich der Rahmen verändert, neue fachliche Anforderungen entstehen oder neue Teammitglieder an Bord kommen, gilt es, den Kontaktstil zu überprüfen und gegebenenfalls anzupassen. Wie Sie Ihren Kontaktstil umsetzen, können Ihre Mitarbeitenden an Ihrer Informations- und Besprechungskultur erleben.

Eine gute Informationskultur zeichnet aus, dass Sie Ihre

Mitarbeitenden sowohl im operativen Alltag als auch bei größeren Veränderungen rechtzeitig und ausreichend informieren. Besonders bei organisationsbezogenen und personellen Veränderungen ist die rechtzeitige Informationsweitergabe durch Sie als direkte Führungskraft entscheidend. Durch Ihre orientierende Kommunikation können Sie aufkommende Unsicherheiten eindämmen. Sorgen Sie deshalb dafür, dass Ihre Mitarbeitenden derartige Informationen immer als Erstes von Ihnen erfahren und nicht durch andere Bereiche, den Flurfunk oder externe Quellen informiert werden.

Im Arbeitsalltag ist es Ihre Verantwortung, eingehende Informationen aufzubereiten und sie gezielt Ihren Mitarbeitenden weiterzugeben, damit sie arbeitsfähig bleiben. Nutzen Sie für die Aufbereitung Ihre methodische Kompetenz aus der Experten-Rolle und entscheiden Sie aus der Verantwortlichen-Rolle, wie die Weitergabe der Informationen erfolgen soll. Dabei helfen Ihnen folgende Fragen:

- **Wer gibt die Information weiter?** Stimmen Sie sich über die Hierarchieebenen hinweg ab, wer für die jeweilige Kommunikation verantwortlich ist. Dadurch klären Sie Ihre Verantwortung in dieser Hinsicht.
- **Welche Informationen sind es?** Klären Sie ab, welche Informationen Sie weitergeben dürfen/müssen. Überprüfen Sie, ob die ausgewählten Informationen die richtigen sind, um Ihr Ziel zu erreichen.
- **An wen werden die Informationen weitergegeben?** Überlegen Sie, wer in welcher Reihenfolge Informationen benötigt, um arbeits- und aussagefähig zu sein.
- **Wie werden sie weitergegeben?** Wählen Sie den passenden Mix aus analogen und digitalen Kanälen, um Ihre Informationen abgestimmt zu platzieren. Senden Sie

z. B. bei Gesetzesänderungen als Erstinformation einen kompakten Newsletter und thematisieren Sie dann in der nächsten virtuellen oder analogen Teambesprechung die Details und Auswirkungen für das Team.
- **Und wann?** Legen Sie fest, wann und ob die Empfänger gleichzeitig oder zeitlich versetzt die Informationen erhalten.

In Besprechungen kommen Menschen zusammen, um danach im besten Fall informierter, abgestimmter und motivierter an ihre Arbeit zurückzukehren. Deshalb ist es Ihre Aufgabe als Führungsverantwortlicher, die notwendigen Rahmenbedingungen dafür zu schaffen, indem Sie die relevanten Informationen in den passenden Besprechungsformaten zeitnah weitergeben und Austausch dazu ermöglichen – vom Gespräch mit Einzelnen über Team-Meetings bis hin zur Betriebsversammlung. Vor allem auf der Team-Ebene können Sie dadurch zusätzlich ein Gefühl der Zugehörigkeit entstehen lassen. Das wiederum führt dazu, dass sich Ihre Team-Mitglieder gegenseitig unterstützen, bestätigen und die Kompetenzen voneinander nutzen. Um für Ihr Team die passenden Besprechungsformate zu entwickeln oder die vorhandenen zu überprüfen, können Sie folgende Kriterien reflektieren:

- **Bezeichnung:** Wie nennen Sie Ihr Besprechungsformat – z. B. Jour fixe, Team-Meeting oder Dienstbesprechung? Welche Botschaft wollen Sie mit der Bezeichnung senden?
- **Teilnehmerkreis:** Wer sollte bei jeder Besprechung dabei sein? Wer kommt bei Bedarf dazu? Wie gehen Sie mit Absagen von Teilnehmenden um, sprich, kann die Besprechung trotzdem stattfinden?

- **Frequenz:** Wie häufig findet die Besprechung statt? Was passiert in der Urlaubszeit?
- **Dauer:** Wie lange ist die maximale Besprechungszeit? Wie flexibel kürzen Sie die Besprechung, wenn wenig oder keine Themen auf der Agenda stehen?
- **Ort:** Wählen Sie ein digitales (Video- oder Telefon-Konferenz) oder Präsenz-Format? Oder wechseln Sie zwischen beiden Formaten?
- **Ausgestaltung:**
  Vorbereitung: Wie ist die Hol- und Bring-Verantwortung für die Agenda-Punkte? Wann und wie erhalten Ihre Mitarbeitenden die Agenda?
  Durchführung: Wer moderiert die Besprechung und ist für den Ablauf und die Ziele (z. B. Information, Entscheidung, Diskussion) verantwortlich?
  Nachbereitung: Wer und wie ist für die Dokumentation der Ergebnisse und To-dos verantwortlich?

Ein weiteres Element Ihrer Besprechungskultur ist, wie Sie mit ungeplanter Kontaktaufnahme umgehen. Wenn Mitarbeitende spontan Austausch einfordern, sollten Sie überlegen, ob das Anliegen dringend und wichtig ist und sofort geklärt werden muss oder ob Sie Ihre Mitarbeitenden bitten, es in den nächsten geplanten Termin einzubringen. Durch dieses Führungsverhalten geben Sie Orientierung, wie Sie sich spontanen und geplanten Austausch für Ihren Bereich vorstellen.

IMPULS: **Schärfen Sie den Blick für Ihren Kontaktstil und Ihre Informations- und Besprechungskultur**

Kontaktstil: Kommen Sie Ihrem Kontaktstil auf die Schliche
- Suchen Sie von sich aus eher den Kontakt zum Einzelnen oder zum Team?
- Welche Themen nutzen Sie als Anlass, um mit Ihren Mitarbeitenden in Kontakt zu kommen – eher fachliche oder persönliche Themen?
- Auf welche Art tauschen Sie sich mit Ihren Mitarbeitenden aus: spontan oder geplant?
- Wie bewusst ist Ihnen, bei welchen Anlässen Ihr Team unter sich bleiben möchte und bei welchen Sie dabei sein sollten?
- Formulieren Sie aus Ihren Erkenntnissen, was Ihren Kontaktstil als Führungsverantwortliche auszeichnet. Besprechen Sie dann mit Ihren Führungskräften und Mitarbeitenden, wie die Art und Weise, wie Sie in Kontakt gehen, wirkt und ob es Veränderungsbedarf gibt – das sorgt für gegenseitiges Verständnis.

Informationskultur: Reflektieren Sie Ihre Verantwortung für den Informationsfluss regelmäßig
- Fragen Sie sich einmal pro Woche, welche Veränderungen in Ihrem Bereich oder in der Organisation anstehen oder schon passiert sind. Welche Informationen brauchen Ihre Mitarbeitenden, um sich rechtzeitig und ausreichend informiert zu fühlen?
- Holen Sie sich bei größeren organisationalen Veränderungen (z. B. Bau einer neuen Produktionsstätte) von Ihren Vorgesetzten wöchentlich/monatlich aktuelle In-

formationen ein. Stimmen Sie dann ab, welche Informationen Sie weitergeben dürfen.
- Welche operativen Entscheidungen haben Sie im Laufe dieser Woche getroffen oder mitgetragen, die Auswirkungen auf Ihre Mitarbeitenden oder deren Tätigkeit haben? Worüber müssen Sie Ihre Mitarbeitenden informieren, damit diese arbeits- und aussagefähig bleiben?

Besprechungskultur: Hinterfragen Sie Ihre Besprechungsformate

Überprüfen Sie Ihre aktuellen Besprechungsformate mithilfe der nachstehenden Fragen. Beantworten Sie die Fragen als Erstes für sich selbst, stellen Sie diese dann Ihrem Team vor und holen Sie sich dessen Sichtweise dazu ein.

- **Bezeichnung:** Ist die Besprechung überhaupt noch sinnvoll und notwendig? Ist ggf. eine andere Bezeichnung erforderlich?
- **Teilnehmerkreis:** Wer sollte nicht mehr teilnehmen? Wer muss unbedingt dabeibleiben? Und wen brauchen Sie neu in der Besprechung?
- **Frequenz:** Wann und warum werden Besprechungen ausgelassen? Passt der Rhythmus zum Bedarf für fachlichen und persönlichen Austausch? Sollten Sie die Frequenz z. B. von wöchentlich auf täglich verändern?
- **Dauer:** Wie variabel sollte die Besprechungszeit sein? Wenn sich die Frequenz ändert: Wie wirkt sich das auf die Dauer der Besprechung aus?
- **Ort:** Ist die aktuelle Umsetzungsform – digital oder analog – beizubehalten oder sollte diese verändert werden?
- **Ausgestaltung:** Was müsste in der Vorbereitung, Durchführung und Nachbereitung gestoppt oder geändert

werden, um sich effizient und ergebnisorientiert zu besprechen? Was sollte für einen qualitativ guten Austausch auf jeden Fall beibehalten werden?

DIGITAL FÜHREN I: **Entwickeln Sie Ihren digitalen Kontaktstil**

Wie müssen Sie Ihren Kontaktstil für die digitale Zusammenarbeit weiterentwickeln, um in einem guten fachlichen und zwischenmenschlichen Austausch mit Ihren Mitarbeitenden zu bleiben? Es kommt beim digitalen Zusammenarbeiten auf den richtigen Mix aus schriftlicher, telefonischer und audio-visueller Kommunikation an, denn mobiles Arbeiten verleitet dazu, den Kollegen schnell eine kurze E-Mail zu senden, anstatt sie persönlich zu kontaktieren. Weil es bei E-Mails meist um den fachlichen Informationsaustausch geht, liegt der Schwerpunkt automatisch auf den Zahlen, Daten, Fakten, und die persönliche Ebene spielt dabei keine große Rolle. Um die Beziehungsebene nicht aus den Augen zu verlieren, sollten Sie deshalb gezielt Telefonate und Videoanrufe nutzen. Während des fachlichen Austauschs erleben Sie dann die Reaktionen Ihrer Mitarbeitenden ganzheitlicher, weil Sie sowohl die Stimme hören als auch bei Videoanrufen die Körpersprache wahrnehmen können. Die Stimme und Körpersprache Ihrer Mitarbeitenden sind wie eine Art Stimmungsbarometer für Sie, um zu erkennen, wann ein vertiefter persönlicher Austausch notwendig ist. Ihre Körpersprache können Sie bei Video-Anrufen ebenfalls nutzen, um positive und motivierende Signale zu senden. Es reicht oft schon zwischendurch ein Lächeln.

DIGITAL FÜHREN II: Geben Sie Informationen in die passenden digitalen Kanäle

Wie können Sie die oben genannten Empfehlungen in Ihrer digitalen Informations- und Besprechungskultur konkret umsetzen?

- **Chatten** Sie über sichere Messenger-Systeme oder Plattformen, wie z. B. Teams oder Slack, um schnell kurze Informationen mit eher informellem Charakter weiterzugeben.
- Schreiben Sie **E-Mails**, um formell und dokumentiert Informationen Einzelnen oder Gruppen zukommen zu lassen.
- Nutzen Sie **Audio-Anrufe** (Telefon und Konferenz-Tools), um spontan oder geplant in Kontakt zu gehen, damit synchron fachlicher und persönlicher Austausch möglich wird.
- Planen Sie **Video-Anrufe** für Besprechungen ein, bei denen zusätzlich zur reinen Informationsweitergabe auch die persönliche Ebene eine Rolle spielt (vor allem Mitarbeitergespräche).
- Nehmen Sie **Videobotschaften** auf und versenden Sie diese, um wesentliche Informationen (in der Regel bei Veränderungen) zeitgleich einer großen Empfängergruppe zur Verfügung zu stellen.

DIGITAL FÜHREN III: Nutzen Sie unterschiedliche digitale Besprechungsformen

Daily-Meeting: Machen Sie täglich eine kurze, maximal 15-minütige digitale Besprechung mit Ihrem Team, um auch in der Distanz gut abgestimmt zu sein. Dadurch wissen alle, wer an was arbeitet und welche Auswirkungen sich daraus eventuell für das Team ergeben. Ein Mehrwert für alle ist, dass zusätzlich zum fachlichen Update auch persönliche Nähe entsteht. Durch die Daily-Meetings sind Sie als Führungskraft aussagefähig und können ggf. auch orientierend eingreifen, indem Sie z. B. im Nachgang mit einem Kollegen ein vertieftes Gespräch führen. Moderieren Sie Daily-Meetings aus der Verantwortlichen-Rolle, um den straffen Zeitplan von 15 Minuten einhalten zu können. Entstehen z. B. tiefere fachliche Diskussionen, lenken Sie diese in andere Formate (Einzel-Jour-fixe oder Team-Besprechungen) um. Denn nur wenn das Daily-Meeting zeitlich begrenzt bleibt, entfaltet es seine positive Wirkung und wird langfristig akzeptiert.

Team-Besprechung: Überprüfen Sie zunächst für sich und dann mit Ihrem Team, ob die bisherige analoge Team-Besprechung – hinsichtlich Frequenz, Dauer und Ablauf – auch digital so durchgeführt werden soll. Treffen Sie dann aus der Verantwortlichen-Rolle die Entscheidung, wie das digitale Format umgesetzt wird, und teilen Sie das Ihrem Team mit.

Damit eine gute und interaktive Besprechungskultur entsteht, müssen Sie am Anfang wahrscheinlich häufiger zur Beteiligung auffordern, bis sich alle im Team an das digitale Format gewöhnt haben. Sprechen Sie Ihre Mitarbeitenden direkt an, stellen Sie Fragen, ermuntern Sie zu Feedback, Meinungsäußerungen und Einschätzungen. Denn nur durch eine rege Beteiligung können alle in der Distanz von der Schwarmintelligenz des Teams profitieren.

Einzel-Jour-fixe: Nutzen Sie Einzelbesprechungen als Führungsinstrument, um den jeweiligen Mitarbeitenden Orientierung in fachlich und/oder menschlich anspruchsvollen Phasen zu geben. Das können folgende sein:

- *Einarbeitung* für neue Mitarbeitende oder bei einem Funktionswechsel
- Übernahme einer neuen Projektverantwortung sowie während der Projektlaufzeit für den Soll-Ist-Abgleich und Feedback
- *Delegation* von größeren, weitreichenderen Aufgaben und Meilensteintermine für die Umsetzung
- *(Neu-)Priorisierung* der Aufgaben in Zeiten hoher Aus-/Belastung zur Abstimmung und Entlastung
- *Kommunikation* von Veränderungen und Entscheidungen, die Ihre Mitarbeitenden unmittelbar betreffen
- *Unterstützung* in persönlichen Krisensituationen, wie z. B. Erkrankungen, Todesfälle, Scheidungen.

Einzelbesprechungen sollten Sie mit Ihren Mitarbeitenden nach Bedarf machen. Wenn Sie Führungskräfte führen, sollten Sie regelmäßige Einzel-Jour-fixe vereinbaren. Sie können Verantwortung abgeben, indem Sie Ihre Mitarbeitenden und/oder Führungskräfte bitten, selbstständig Themen zu sammeln und bei Bedarf auch auf Sie zuzukommen, um einen Termin zu vereinbaren.

DIGITAL FÜHREN IV: **Top-Tipps für den Austausch und die Zusammenarbeit auf Distanz**

1. Installieren Sie ein digitales KanBan-Board (z. B. Trello, Jira), um in Projekten die Themen und Aufgaben zu visualisieren. Dadurch kann Ihr Team sehen, wer an was arbeitet und wie der Stand der Bearbeitung ist. Das schafft für alle Transparenz und gibt Ihnen als Führungsverantwortlicher Sicherheit und lässt Sie auskunftsfähig bleiben.

2. Übernehmen Sie die Verantwortung für Ihr eigenes Zeit- und Selbstmanagement. Planen Sie Puffer ein, damit Sie sich nicht von einem Meeting nahtlos ins nächste Meeting einwählen. Sie brauchen Bio-Pausen und Zeit für die inhaltliche Vor- und Nachbereitung – nur dann sind Besprechungen auch produktiv.
3. Senden Sie bei Audio- und Videokonferenzen die Präsentation, Agenda und Unterlagen im Vorhinein per E-Mail den Teilnehmenden und/oder teilen Sie während der Besprechung den Bildschirm. Somit können sich alle vorbereiten und dem Gesagten besser folgen. Wenn Sie im Nachgang ein Protokoll versenden, sorgen Sie für die Dokumentation der Ergebnisse und erzeugen eine höhere Verbindlichkeit.
4. Achten Sie beim hybriden Arbeiten darauf, dass *alle* sich virtuell einwählen, unabhängig davon, ob sie es vom Büro aus oder von außerhalb tun. So vermeiden Sie Grüppchenbildung, die häufig zulasten der nur digital Anwesenden geht.
5. Schalten Sie die Kameras in Team-Besprechungen ein, weil es für das gefühlte Miteinander einen Unterschied macht, ob Sie jemanden nur hören oder auch sehen können.
6. Legen Sie die maximale Dauer der digitalen Besprechung fest, halten Sie diese ein oder beenden Sie sogar ein Meeting früher, wenn alles gesagt ist – Ihre Kollegen und Kolleginnen werden es Ihnen danken, wenn sie unerwartet fünf bis zehn Minuten Zeit geschenkt bekommen.
7. Fokussieren Sie Ihre Aufmerksamkeit im Home-Office, indem Sie sich Reize und Ablenkungen dort bewusst

machen und diese minimieren. Weil sich beim mobilen Arbeiten Privat- und Berufsleben deutlich mehr mischen als beim Arbeiten im Büro, sind hierfür klar definierte und kommunizierte Regeln zu Pausen notwendig, um beidem – Privat- und Berufsleben – ausreichend Raum zu geben. Nur dann können Sie in digitalen Besprechungen präsent sein und Ihre Aufmerksamkeit auf Ihre Mitarbeitenden richten – dadurch zeigen Sie Wertschätzung.

Physische Reize: Falls Familien- oder WG-Mitglieder tagsüber in Ihrem Home-Office anwesend sind, braucht es grundsätzliche Regeln zu Pausen und Unterbrechungen. Beim täglichen Arbeiten können Sie z. B. durch ein Schild an der Tür Ihr Umfeld informieren, dass Sie in einer laufenden Besprechung sind und nicht gestört werden wollen.
Digitale Reize: Stellen Sie für die Dauer des Gesprächs die digitalen Ablenkungen aus, d. h. E-Mail-Programm schließen, Videokonferenz in den Vollbildmodus und Pop-Up-Funktionen der Chats ausstellen.
Akustische Reize: Stellen Sie während der Besprechung Ihr Handy stumm und leiten Sie das Telefon auf Ihre Assistenz oder den Anrufbeantworter um, damit eingehende Anrufe Sie nicht stören. Sorgen Sie auf längere Sicht für einen Raum, bei dem Sie die Tür schließen können. Ansonsten helfen Noise-Cancelling-Kopfhörer, um Geräusche aus Ihrem Umfeld zu minimieren.

KOMPAKT: **Kontaktstil, Informations- und Besprechungskultur**

- ✓ Sie bringen aufgrund Ihrer Persönlichkeit einen individuellen Kommunikationsstil mit, den Sie als Führungsverantwortlicher durch einen professionellen Kontaktstil umsetzen.
- ✓ Sie prägen die Informationskultur positiv, wenn Sie dafür Verantwortung übernehmen, dass Ihre Mitarbeitenden und Führungskräfte ausreichend und rechtzeitig informiert werden. Klären Sie im Vorfeld immer: Wer gibt was an wen, wie und wann weiter?
- ✓ Es deutet auf eine gute Informationskultur hin, wenn Ihre Mitarbeitenden und Führungskräfte Sie proaktiv nach Informationen fragen, statt diese über den Flurfunk einzuholen.
- ✓ Bei organisationsbezogenen Veränderungen ist ein über die Hierarchieebenen hinweg abgestimmter Kommunikationsplan unerlässlich, um zielgerichtet und systematisiert immer die gleiche Kernbotschaft an alle Mitarbeitenden zu kommunizieren.
- ✓ Indem Sie die verschiedenen analogen und digitalen Besprechungsformate regelmäßig selbst und mit Ihrem Team hinterfragen, merken Sie, ob diese im Hinblick auf Teilnehmerkreis, Frequenz, Dauer, Ort/Kanal und Ausgestaltung sinnvoll und zielführend sind.
- ✓ Beim digitalen Führen sollten Sie den Kontaktstil bewusst variieren, damit Ihre Mitarbeitenden Sie, neben den schriftlichen und telefonischen Kontakten, auch im-

> mer wieder persönlich sehen können. Der visuelle Austausch stärkt die zwischenmenschliche Ebene – auch in reinen Fachgesprächen. Ganz im Sinne: Ein Lächeln zur Begrüßung und zur Verabschiedung ist ein Geschenk an Ihre Mitarbeitenden.

Entscheidungen vorbereiten und treffen

Um als Führungskraft entscheidungsfähig zu sein, müssen Sie als Erstes wissen, was von Ihnen diesbezüglich erwartet wird. Klären Sie deshalb mit Ihrer Führungskraft ab, mit welchen strategischen und operativen Entscheidungsbefugnissen Ihre Stelle ausgestattet ist. Erst dann können Sie Ihrer Führungsverantwortung gerecht werden, d. h. Entscheidungen für Ihren Bereich vorbereiten und treffen.

Jede Entscheidung birgt Ungewissheit, denn Sie können die Ergebnisse nie mit hundertprozentiger Sicherheit vorhersagen.[22] Trotzdem müssen Sie Entscheidungen treffen, um handlungsfähig zu bleiben. Ihre Entscheidungskompetenz ist eng mit Ihrer Experten- und Persönlichkeits-Rolle verknüpft. So greifen Sie auf Ihren fachlichen Erfahrungsschatz und Ihre methodischen Kompetenzen zurück, um über Kriterien und Alternativen zu reflektieren und eine Entscheidung zu initiieren. Diese Zusammenhänge zeigen, wie komplex die Entscheidungsfindung ist und warum sie manchen Führungskräften so schwerfällt. Denn selbst, wenn eine fachliche Bewertung möglich ist, benötigen Sie Reflexionsfähigkeit, Eigeninitiative und Durchsetzungsfähigkeit aus der Persönlichkeits-Rolle, um eine Entscheidung auf den Weg zu bringen.

Indem Sie immer wieder Entscheidungen reflektiert vorbereiten und bewusst treffen, bauen Sie Ihre Entscheidungskompetenz aus. Denn dabei verstärken sich Ihre neuronalen Netze im Gehirn und Ihr unterbewusster Erfahrungsschatz wird dadurch erweitert.[23] Das ist ein sich verstärkender Kreislauf, der es Ihnen über die Jahre hinweg ermöglicht, Entscheidungen auch intuitiv unter Zeitdruck treffen zu können.

Als Führungskraft müssen Sie **strategische Entscheidungen** treffen, wenn es um die Ausrichtung Ihres Bereichs, um Ihr Personal und Budget geht – diese haben langfristige und weitreichende Auswirkungen. Vielleicht fragen Sie sich, inwieweit Sie bei strategischen Entscheidungen Ihre Mitarbeitenden beteiligen sollen? Das nachstehende Beispiel verdeutlicht die Grenzen der Beteiligung:

Sie müssen als Vertriebsleiterin die Regionen neu unter den Gebietsleitungen aufteilen, weil sich der Kundenstamm erweitert hat und Sie deshalb zwei neue Gebietsleitungen eingestellt haben. In dieser Situation wäre es kontraproduktiv, wenn Sie die Gebietsleitungen in der Teambesprechung die neue Aufteilung diskutieren und entscheiden lassen würden. In dieser Diskussion würden Ziel- und Verteilungskonflikte entstehen, die Ihnen die Entscheidungsfindung erschweren. Denn jede Gebietsleitung hat persönliche Interessen und Ziele.

Diese Entscheidung verantworten aber ausschließlich Sie. Betrachten Sie deshalb die Situation ganzheitlich, um eine Entscheidung zu finden, die allen Interessen und Zielen bestmöglich gerecht wird. Schauen Sie sich die Vertriebsziele, die Kundenstruktur in den Regionen und die persönliche Situation der Gebietsleitungen an und erarbeiten Sie Kriterien für die Zuteilung der Regionen. Durch diese Analyse können Sie eine Aufteilung entwickeln, für die Sie gute Gründe in der Team-Besprechung nennen können. Stellen Sie sich darauf ein, dass Ihre Entscheidung, wie die Gebiete aufgeteilt werden, stellenweise nicht den persönlichen Erwartungen Ihrer Gebietsleitungen entspricht. Als Führungskraft ist es Ihre Verantwortung, für Ihr gesamtes Team eine faire und zielorientierte Aufteilung zu finden, um erfolgreich zu arbeiten – kommunizieren Sie dies, wenn Sie Gegenwind aus dem Team erhalten, und führen Sie bei Bedarf Einzel-Gespräche.

Sie werden immer wieder neu ausloten müssen, bei welchen strategischen Entscheidungen Sie wen zu welchem Zeitpunkt einbeziehen müssen und wen Sie außen vor lassen. Denn die meisten Mitarbeitenden wollen und sollen gar keine Beiträge für strategische Entscheidungen leisten – dafür gibt es Führungskräfte. Folgerichtig wird von Ihnen erwartet, dass Sie die Verantwortung übernehmen, Entscheidungen zeitnah treffen und diese nachvollziehbar kommunizieren.

Wo Sie Ihre Mitarbeitenden regelmäßig im Entscheidungsprozess beteiligen sollten, sind die **operativen Entscheidungen** – mit eher kurzfristigen und begrenzten Auswirkungen. Diese stehen im Arbeitsalltag zu fachlichen Themen permanent an. Sie können diese gemeinsam beraten, indem Sie gezielt einzelne Fachexperten oder die Schwarmintelligenz Ihres gesamten Teams einbeziehen, um eine fachlich fundierte und abgestimmte Entscheidung zu finden. Dafür können Sie Ihre Team-Besprechung nutzen und in der vorab versandten Agenda informieren, dass Sie über ein bestimmtes Thema diskutieren und eine Entscheidung treffen werden. Dann kann sich Ihr Team entsprechend vorbereiten und ist in der Besprechung aussagefähig. Für größere Entscheidungen ist es sinnvoll, einen zusätzlichen Workshop zu planen, in dem alle gemeinsam brainstormen und Alternativen entwickeln, um eine Entscheidung herausarbeiten zu können. Sie sollten in Abstimmungsprozessen mit Ihrem Team immer auch überprüfen, ob Sie wirklich hinter der Entscheidung Ihres Teams stehen. Denn letztlich müssen Sie bei operativen Entscheidungen die Verantwortung gegenüber Ihrer Führungskraft und in der Organisation vertreten.

IMPULS: **Überprüfen Sie Ihre Entscheidungskompetenz**

Die nachstehenden Fragen helfen Ihnen dabei herauszufinden, wie ausgeprägt Ihre Entscheidungskompetenz ist. Bewerten Sie anhand der nachstehenden Fragen Ihre Entscheidungskompetenz jeweils auf einer Skala von 0 bis 10 ein (0 = gar nicht vorhanden und 10 = sehr ausgeprägt vorhanden).

- Wie proaktiv gehen Sie strategische Entscheidungen an (d. h. wissen Sie, welche wichtigen Entscheidungen Sie in den kommenden Monaten treffen müssen, um in den nächsten ein bis zwei Jahren handlungsfähig zu bleiben)?
- Wie oft nehmen Sie sich Zeit, um umgesetzte Entscheidungen zu reflektieren (d. h. Sie betrachten die Zielerreichung und entstandenen Auswirkungen in einer Retrospektive und ziehen daraus Ihre Schlüsse für die Zukunft)?
- Wie gut können Sie das jeweilige Ziel für Ihre Entscheidungen benennen (d. h. was Sie mit der jeweiligen Entscheidung erreichen möchten)?
- Welche Techniken nutzen Sie, um Entscheidungen ob-

jektiver fällen zu können (z. B. Entscheidungs-Matrix, Worst-Best-Case-Szenarien oder Pro-Contra-Listen)?
- Wie gut gelingt Ihnen die Kommunikation Ihrer Entscheidungen (d. h. Sie unterfüttern Ihre Entscheidungen mit nachvollziehbaren Argumenten und Hintergrundinformationen, wenn Sie diese an die jeweiligen Betroffenen kommunizieren)?

DIGITAL FÜHREN: **Beteiligen Sie Ihre Mitarbeitenden bei operativen Entscheidungen**

Die räumliche Distanz verleitet beim digitalen Führen dazu, dass Sie als Führungsverantwortlicher operative Entscheidungen alleine treffen. Wenn die Zeit drängt, ist das auch berechtigt. In diesem Fall sollten Sie entweder eine E-Mail an Ihr Team aufsetzen oder sich eine kurze Notiz für die nächste Teambesprechung machen, um dann über die getroffene Entscheidung zu informieren. Bei wichtigen, jedoch noch nicht dringenden operativen Entscheidungen sollten Sie Ihr Team im Rahmen der virtuellen Teambesprechung miteinbeziehen – damit wertschätzen Sie dessen Fachexpertise.

KOMPAKT: **Entscheidungen vorbereiten und treffen**

✓ Als Führungskraft brauchen Sie Klarheit zu Ihren Befugnissen, um bei strategischen und operativen Entscheidungen Verantwortung zu übernehmen.

- ✓ Ihre Mitarbeitenden und Ihre Vorgesetzten erwarten, dass Sie für Ihren Verantwortungsbereich Entscheidungen treffen, um handlungsfähig zu bleiben.
- ✓ Bei komplexen und wichtigen Entscheidungen sollten Sie die Ziele kennen, um Alternativen und Kriterien miteinbeziehen zu können.
- ✓ Bei operativen Themen, die überschaubar und dringend sind, können Sie intuitive, schnelle Entscheidungen auf Basis Ihrer Erfahrungen treffen.
- ✓ Es ist notwendig zu wissen, bei welchen Entscheidungen Sie Ihre Mitarbeitenden einbeziehen sollten und bei welchen nicht. Strategische Führungsthemen (Ausrichtung, Budget, Personal) liegen in Ihrer Verantwortung in Abstimmung mit Ihrer Führungskraft. Bei operativen Alltagsentscheidungen lohnt es sich doppelt, den Erfahrungsschatz und die Meinungen Ihrer Fachexperten einzubeziehen – Sie wertschätzen damit Ihre Mitarbeitenden und erhalten Unterstützung.
- ✓ Aufgrund der räumlichen Distanz beim digitalen Führen sollten Sie sich immer wieder in Erinnerung rufen, dass Sie Ihre Mitarbeitenden bei operativen Entscheidungen einbeziehen und bei strategischen Entscheidungen die Informationen rechtzeitig weitergeben sollten.
- ✓ Ihre Entscheidungskompetenz wächst, wenn Sie die Auswirkungen von Entscheidungen im Nachgang reflektieren und bewerten.

Aufgaben motivierend delegieren

Warum sollten Sie Aufgaben delegieren und Verantwortung abgeben? Weil Sie Ihre Mitarbeitenden dadurch situativ gut auslasten und deren Kompetenzen, mit herausfordernden Aufgaben, weiterentwickeln können. Kurzfristig erscheint es für Sie häufig leichter, die Dinge einfach schnell selbst zu erledigen, denn bevor Ihre Mitarbeitenden eine delegierte Aufgabe umsetzen können, kostet es Sie erst mal Zeit: Sie müssen die richtige Person auswählen, das Delegationsgespräch führen und Nachfragen beantworten. Vielleicht fällt es Ihnen auch schwer, Themen loszulassen, weil Sie zweifeln, ob Ihre Mitarbeitenden die persönlichen und fachlichen Kompetenzen und die Kapazitäten dafür haben. Diese inneren Hürden müssen erst überwunden werden. Wenn Ihnen das gelingt, dann wird Delegation zu einer Win-win-Situation: Sie ermöglichen Ihren Mitarbeitenden, Kompetenzen weiterzuentwickeln, und erfahren gleichzeitig Entlastung. Bevor Sie eine größere Aufgabe übertragen, sollten Sie folgende Punkte klären:

- Ist die Aufgabe am «Können», d.h. den vorhandenen Kompetenzen des Mitarbeitenden orientiert? Wenn das Ziel ein Kompetenzausbau ist, sollte die Aufgabe entsprechend herausfordernd sein.
- Ist die Aufgabe am «Wollen» ausgerichtet? Im besten Fall können Sie eine Aufgabe entsprechend den jeweiligen Interessen und Bedürfnissen der Mitarbeitenden auswählen. Das steigert die Motivation.
- Welche Rahmenbedingungen und Befugnisse benötigen Ihre Mitarbeitenden, um arbeitsfähig zu sein? (IT-Zugriffe, Ausstattung, Budgetverantwortung etc.)

- Ist die zu delegierende Aufgabe auf die Auslastung Ihrer Mitarbeitenden abgestimmt? Wenn Ihre Mitarbeitenden bereits ein sehr großes Arbeitspensum haben, müssen sie gemeinsam neu priorisieren, um die delegierte Aufgabe einzuplanen.
- Möchten Sie die Aufgabe temporär oder dauerhaft delegieren?

Um eine Aufgabe strukturiert und motivierend zu delegieren, können Sie die folgenden Delegations-Leitfragen nutzen:
- **Was?**
- **Weshalb?**
- **Wie?**
- **Bis wann?**
- **Was fehlt noch?**

Nutzen Sie ausformulierte Antworten als Gesprächsgrundlage. Wie Sie dabei vorgehen können, zeigt folgendes Beispiel: Angenommen Sie führen als Teamleiterin ein Delegationsgespräch mit Ihrem Eventmanager, um ihm die Verantwortung für die Umsetzung einer neuen Veranstaltung zu übertragen, dann könnte Ihr Gesprächsanteil wie folgt aussehen:

Was? Wie du weißt, findet am 12. Oktober die von uns ausgerichtete Großveranstaltung «Come Together» mit 250 Teilnehmenden aus ganz Deutschland statt. Nachdem du jetzt ein Jahr bei uns bist, möchte ich dir die Verantwortung für dein erstes größeres Projekt übertragen.

Weshalb? Weil du im letzten Jahr bereits viele kleinere Veranstaltungen eigenverantwortlich und erfolgreich umgesetzt hast und mir im Mitarbeitergespräch signalisiert hast, dass du gerne mehr Verantwortung haben möchtest, ist jetzt aus meiner Sicht genau der richtige Zeitpunkt, dass du den Lead für diese Großveranstaltung übernimmst.

Wie? Ich bitte dich als Projektkoordinator, einen Projektplan zu erstellen, damit allen Beteiligten klar ist, wer was erledigen muss. Mir ist wichtig, dass du einen konkreten Zeitplan entwirfst und den Umfang der einzelnen Aufgaben und die Fälligkeitsdaten aufnimmst. Als zentrale Bausteine sehe ich die Verwaltung und den Kontakt zu den Teilnehmenden, die Belegung der verschiedenen Räume und das Catering. Auf Basis deines Projektplans kümmere ich mich dann um das Budget. Außerdem brauchen wir den Projektplan, um Meilensteintermine auszumachen, damit ich von dir Updates zum Fortschritt erhalte und wir einen Soll-Ist-Abgleich mit den Kosten machen können.

Bis wann? Wie gesagt, findet die Veranstaltung am 12. Oktober statt, weshalb wir den Anmeldeschluss auf den 31. Juli gelegt haben, um danach noch ausreichend Vorlauf zu haben. Den ersten Entwurf des Projektplans würde ich gerne in zwei Wochen in unserem Jour fixe mit dir besprechen. Kläre bitte bis dahin auch, wer vom Team dabei sein soll und welche externen Dienstleistungen wir noch ins Budget aufnehmen müssen.

Was fehlt noch? Was bräuchtest du noch, um loszulegen?

Nach dem Delegationsgespräch beginnt die Umsetzungsphase, in der Sie, durch regelmäßige Abstimmungstermine gebündelt, die aufkommenden Fragen klären und einen regelmäßigen Soll-Ist-Abgleich zum Status quo machen können. Je nachdem, wie erfahren und kompetent Ihre Mitarbeitenden sind, werden Sie die Anzahl und den Abstand der Meilenstein-Gespräche enger oder weiter setzen. Durch die geplanten Termine geben Sie Ihren Mitarbeitenden Orientierung und beugen damit vor, dass es in Ihrem Arbeitsalltag zu viele Unterbrechungen durch Rückfragen gibt. Nutzen Sie die geplanten Gespräche ferner, um regelmäßig Feedback zu geben: einerseits für positive Entwicklungsschritte, Verhaltensweisen und Ergebnisse, um Ihre Mitarbeitenden in ihrer Selbstwirksamkeit zu stärken und zu motivieren, andererseits auch für konstruktives Feedback, um damit kritisches Verhalten und/oder Fehler anhand der vorliegenden Situationen zeitnah anzusprechen. Dadurch wissen Ihre Mitarbeitenden sofort, was sie verändern sollen.

IMPULS: **Bereiten Sie ein Delegationsgespräch vor**

Was? Um welche Aufgabe handelt es sich? Versuchen Sie in wenigen Sätzen die konkrete Aufgabe zu beschreiben. Gehen Sie hier noch nicht auf die inhaltliche Umsetzung ein, sondern bleiben Sie bei den Zahlen, Daten und Fakten.

Weshalb? Wählen Sie eine zutreffende und ehrliche Begründung, weshalb diese Aufgabe von der ausgewählten Person erledigt werden sollte (Kompetenzen, Erfahrungen, Interessen, Kapazität etc.). Ergänzend können Sie an dieser Stelle die Sinnhaftigkeit oder den größeren Nutzen für Ihr Team, Abteilung oder Organisation nennen. Überlegen Sie sich, mit welchem Argument Sie die ausgewählte Person am besten erreichen und motivieren können.

Wie? Legen Sie fest, welche Erwartungen Sie an die Vorgehensweise haben, z.B. wer beteiligt werden sollte, welche Methoden angewandt werden, welche IT-Tools genutzt werden. Fragen Sie sich dann: Wie viele Details benötigt die Person, um die Aufgabe auszuführen? Die Genauigkeit und Tiefe, mit der Sie die Umsetzungsschritte beschreiben, sollte sich immer an der fachlichen Entwicklungsstufe und Erfahrung orientieren.

Bis wann? Setzen und kommunizieren Sie einen realistischen Endtermin, bis zu dem die Umsetzung erledigt sein muss. Delegieren Sie immer so rechtzeitig, dass die Umsetzung für Ihre Mitarbeitenden und deren Zeitbudget machbar ist, und planen Sie Puffer ein, damit Sie am Ende nicht in Zeitnot geraten. Je eigenständiger und erfahrener jemand bei dieser Aufgabe bereits ist, desto weniger Meilensteintermine benötigen Sie in der Umsetzungsphase.

Was fehlt noch? Vermutlich kennen auch Sie die abschließende Floskel «Alles klar? Noch Fragen?». Kaum jemand antwortet ehrlich auf diese abbindende Frage, selbst dann nicht, wenn es eine Verständnisfrage gibt, um die Aufgabe gut erfüllen zu können. Probieren Sie es deshalb mit den W-Fragen «Was fehlt noch? Was habe ich vergessen? Was brauchst du noch?». Dadurch können Sie am Ende der Delegation Ihr Gegenüber mit in die Verantwortung nehmen – dadurch laden Sie zum Nachdenken über die delegierte Aufgabe ein.

KOMPAKT: **Aufgaben motivierend delegieren**

✓ Sie delegieren Aufgaben aus zwei Gründen: Damit Ihre Mitarbeitenden ausgelastet sind und sich durch neue Aufgaben fachlich und persönlich weiterentwickeln können. Als Nebeneffekt werden auch Sie oder andere im Team auf längere Sicht entlastet.

- ✓ Im Vorfeld einer Delegation sollten Sie gedanklich überprüfen, ob das «Wollen, Können und Dürfen» der ausgewählten Mitarbeitenden mit den jeweiligen Aufgaben zusammenpassen.
- ✓ Sie geben sich und Ihren Mitarbeitenden Orientierung, indem Sie die Leitfragen für Delegation anwenden: *Was? Weshalb? Wie? Bis wann? Was fehlt noch?*
- ✓ Der Entwicklungsstand und die Erfahrung Ihrer Mitarbeitenden beeinflussen, wie detailliert Sie die Umsetzungsschritte beschreiben und wie viele Abstimmungstermine bis zur Zielerreichung notwendig sind.

DIGITAL FÜHREN: **Delegieren Sie kleinere Aufgaben auch per E-Mail und am Telefon**

Beim Führen auf Distanz verteilen Sie täglich viele kleinere Aufgaben telefonisch oder per E-Mail, die Sie ansonsten im Büro persönlich weitergeben würden. Für solche digitalen Delegationen können Ihnen die Leitfragen als Gedankenstütze dienen. Wenn Sie mündlich oder schriftlich eine Aufgabe übertragen, können Sie die fünf W-Fragen im Hinterkopf mitlaufen lassen. Dadurch wird Ihre Kommunikation automatisch strukturierter und vollständiger.

Für komplexere Aufgaben empfiehlt es sich, dass Sie beide Kommunikationswege kombinieren: Als Erstes ein persönliches Telefonat/Videoanruf, um Ihre Mitarbeitenden persönlich zu informieren und aufkommende Fragen zu klären, und dann eine schriftliche Zusammenfassung der delegierten Aufgabe mit den «5 W» – das erhöht die Verbindlichkeit.

Soll-Ist-Abgleich vornehmen

Durch einen regelmäßigen Soll-Ist-Abgleich wissen Sie, wie Ihre Mitarbeitenden – einzeln oder im Team – die Projekte und Aufgaben umsetzen. Außerdem kommen Sie Ihrer Verantwortung nach, Ihren Mitarbeitenden in der täglichen Arbeit Orientierung zu geben. Zu welchen Themen sollten Sie einen Soll-Ist-Abgleich machen?

- Delegierte Aufgaben und Projekte
- Operative Individual- und Team-Ziele
- Persönliche und fachliche Entwicklungs-Ziele

Beim Soll-Ist-Abgleich überprüfen Sie gemeinsam, was bereits getan wurde. Sie tauschen sich somit aus, was aus Ihrer beider Sicht bereits gut läuft und bei welchen Themen es noch Bedarf zum Nachjustieren gibt. Das unterstützt Ihre Mitarbeitenden, weil sie dann wissen, wo sie stehen und was sie noch leisten müssen. Dadurch gestalten Sie auch aktiv die Fehlerkultur in Ihrem Bereich. Denn indem Sie Soll-Ist-Abgleiche machen, stoßen Sie gemeinsam auf Fehler und kritische Situationen, z. B. falls Sie und Ihre Mitarbeitenden unterschiedliche Vorstellungen zur fristgerechten Umsetzung haben. Wie Sie mit solchen Missverständnissen oder Fehlern umgehen, prägt Ihre Konflikt- und Fehlerkultur. Leiten Sie deshalb mit Ihrem Team Erkenntnisse und notwendige Veränderungen für die Zukunft ab, um sich kontinuierlich weiterzuentwickeln und auf Dauer erfolgreich zu sein.

IMPULS I: **Vorgehen für den Soll-Ist-Abgleich bei delegierten Aufgaben**

Die nachstehenden drei Schritte zeigen, wie Sie Soll-Ist-Abgleiche nutzen können, wenn Sie beispielsweise einer Mitarbeiterin eine neue Aufgabe übertragen haben.

Schritt 1: Nutzen Sie den Delegations-Leitfragen, damit Sie das *Was?*, *Wie?* und *Bis wann?* so genau wie nötig für Ihre Mitarbeiterin formulieren können – nur dann kennen Sie beide den angestrebten Soll-Zustand.

Je konkreter Sie im persönlichen Gespräch formulieren, was Sie von Ihrer Mitarbeiterin erwarten, desto besser weiß sie, worauf sie hinarbeiten soll.

Schritt 2: Vereinbaren Sie mit Ihrer Mitarbeiterin Meilensteingespräche für die Umsetzungsphase. In den Gesprächen gleichen Sie gemeinsam den Ist-Zustand mit dem Soll-Zustand ab. Der Abstand der Gespräche hängt vom Entwicklungsstand Ihrer Mitarbeiterin und der Komplexität der delegierten Aufgabe ab. Nutzen Sie die Meilensteingespräche auch dazu, um ihr positives Feedback zu konkreten Arbeitsschritten und Verhaltensweisen zu geben – damit unterstützen und motivieren Sie Ihre Mitarbeiterin. Geben Sie zu fachlichen und methodischen Fehlern ebenfalls Feedback, damit Ihre Mitarbeiterin weiß, was sie wie verändern soll, um den Soll-Zustand zu erreichen. Formulieren Sie die notwendige Veränderung konstruktiv, um dadurch Ihrer Mitarbeiterin motivierende Orientierung zu geben (siehe S. 127).

Schritt 3: Nachdem Ihre Mitarbeiterin die Aufgabe umgesetzt hat, sollten Sie einen finalen Soll-Ist-Abgleich machen. In dem Gespräch betrachten Sie gemeinsam die gesamte Bearbeitungsphase und das Ergebnis, um aus den positiven und kritischen Erfahrungen zu lernen und Erkenntnisse für die Zukunft mitzunehmen. Somit steigern Sie den Entwicklungsgrad Ihrer Mitarbeiterin von Aufgabe zu Aufgabe.

IMPULS II: **Reflexion zum Führungswerkzeug «Soll-Ist-Abgleich»**

Lassen Sie die letzten Arbeitswochen Revue passieren, um herauszufinden, wie Sie das Führungswerkzeug «Soll-Ist-Abgleich» anwenden.

- Mit welchen Mitarbeitenden haben Sie einen Soll-Ist-Abgleich vorgenommen? Ging es in diesen Gesprächen um operative Aufgaben oder um persönliche Entwicklungsziele?
- Haben Sie bei delegierten Aufgaben den Soll-Zustand definiert, Meilensteintermine eingeplant und Soll-Ist-Abgleiche vorgenommen?

Schauen Sie nun nach vorne auf die nächsten vier Arbeitswochen:

- Bei welchen laufenden Projekten sollten Sie einen Termin für einen Soll-Ist-Abgleich einplanen?
- Welches aktuelle Team-Ziel sollten Sie auf die Agenda der nächsten Besprechung setzen, weil Sie Informationen zum Umsetzungsgrad benötigen?

DIGITAL FÜHREN: Soll-Ist-Abgleich für methodische Kompetenzentwicklung

Als digitale Führungskraft sollten Sie die fachliche und methodische Weiterentwicklung Ihrer Mitarbeitenden immer im Blick behalten. Wenn Sie z. B. bei einem digitalen Soll-Ist-Abgleich zu einer delegierten Aufgabe feststellen, dass Ihren Mitarbeitenden fachliche oder methodische Kompetenzen fehlen, können Sie gezielt virtuelle Schulungen anbieten. Die digitale Wissensvermittlung funktioniert dann sehr gut, wenn es vor allem um die Sachebene geht. Damit virtuelle Schulungen nachhaltig erfolgreich sind, brauchen Ihre Mitarbeitenden mindestens zwei Soll-Ist-Abgleiche mit Ihnen: zum Auftakt und nach der Durchführung.

Stellen Sie sich beispielhaft vor, Sie haben Ihrem neuen technischen Außendienstmitarbeiter für den lateinamerikanischen Markt die erste größere Anfrage eines Kunden aus Mexiko weitergeleitet. Auf Basis dieser Anfrage vereinbaren Sie ein virtuelles Gespräch, um an ihn seine erste eigenständige Auftragsbearbeitung zu delegieren. Als Sie detailliert über die Anforderungen sprechen, stellen Sie fest, dass er große Schwierigkeiten hat, die technischen Fachausdrücke korrekt zu übersetzen und zu verwenden. Das können Sie gut einschätzen, weil Sie mehrere Jahre in der mexikanischen Niederlassung gearbeitet haben und selbst fließend Spanisch sprechen und schreiben können. Sie notieren sich Ihre Beobachtung, kündigen für den nächsten Jour fixe an, darüber sprechen zu wollen, und gehen im Gespräch wie folgt vor:

- Im Jour fixe arbeiten Sie gemeinsam mit Ihrem Außendienstmitarbeiter heraus, wie ausgeprägt seine aktuelle spanische Sprachkompetenz ist. Sie beide definieren den Ist-Zustand auf B1-Level.

- Dann legen Sie fest, inwieweit er seine Sprachkompetenz steigern muss: Soll-Zustand auf C1-Level entwickeln und spezifische technische Fachausdrücke erlernen. Somit weiß Ihr Mitarbeiter, welche konkreten Erwartungen Sie haben.
- Abschließend formulieren Sie noch den Nutzen der sprachlichen Entwicklung, und woran dieser im Arbeitsalltag erkennbar wird: Ihr Außendienstmitarbeiter wird auf längere Sicht Projekte mit größerem Umfang erhalten, sobald er sich auf Spanisch klar, strukturiert und fließend zu komplexen Sachverhalten äußern kann.
- Wählen Sie dann in Abstimmung mit Ihrer Personalabteilung die passende virtuelle Sprachschule für Ihren Außendienstmitarbeiter aus.
- Setzen Sie sich Erinnerungen, um positives Feedback zur sprachlichen Kompetenzsteigerung zu geben – dadurch motivieren Sie Ihren Mitarbeiter, dranzubleiben.
- Soll-Ist-Abgleich nach Abschluss des virtuellen Sprachkurses: Gratulieren Sie Ihrem Außendienstmitarbeiter zum erreichten C1-Level und geben Sie ihm auch Feedback, woran Sie dieses Level im Arbeitsalltag bemerkt haben.

KOMPAKT: Soll-Ist-Abgleich vornehmen

✓ Um Projekte umsetzen und Ziele erreichen zu können, brauchen Sie und Ihr Team regelmäßige Soll-Ist-Abgleiche. Dafür müssen Sie im ersten Schritt den Soll-Zustand (Erwartungen) formulieren. Erst dann können Sie

in regelmäßigen Terminen abgleichen, wie der Ist-Zustand (Umsetzungsgrad) ist und was noch geleistet bzw. korrigiert werden muss, um den Soll-Zustand zu erreichen.
- ✓ Die analogen und digitalen Meilensteingespräche nutzen Sie, um Ihren Mitarbeitenden positives und konstruktives Feedback zur bisher erbrachten Leistung zu geben – das motiviert und führt zu einer gelebten Fehlerkultur.
- ✓ Es ist normal, dass beim Soll-Ist-Abgleich Fehler oder Missverständnisse ans Licht kommen. Es liegt in Ihrer Führungsverantwortung, mit diesen konstruktiv umzugehen, d.h. gemeinsam eine Lösung zu entwickeln und daraus zu lernen.
- ✓ Beim digitalen Führen werden Soll-Ist-Abgleiche für Sie noch wichtiger, weil Sie nicht mehr «nebenbei» mitbekommen, wo Ihre Mitarbeitenden stehen.

Feedback geben und einholen

Feedback ist das zentrale kommunikative Führungswerkzeug aus Ihrer Verantwortlichen-Rolle, weil Sie dadurch jedes einzelne Teammitglied stärken und ihm Orientierung geben können. Durch positive Rückmeldung bestätigen Sie Ihre Mitarbeitenden. Dabei formulieren Sie möglichst konkret, was sie gut gemacht haben und welche positiven Auswirkungen das hat. Konstruktives Feedback sollten Sie dann verwenden, wenn Sie etwas stört oder irritiert und Ihre Mitarbeitenden

Verhaltensweisen oder Fachliches verändern sollten – damit formulieren Sie Ihre Erwartungen. Wenn Sie regelmäßig positives Feedback geben, dann wissen Ihre Mitarbeitenden, was Sie an ihnen schätzen und was sie gut können. Damit stärken Sie die Beziehungsebene, und es fällt Ihren Mitarbeitenden leichter, auch konstruktives Feedback von Ihnen anzunehmen.

Positives Feedback geben
«Danke, das hast du super gemacht!» – Ist das schon positives Feedback? Nein, diese Aussage ist ein Lob. Dieses geht oft mit einer körpersprachlichen Geste einher, z. B. ein bestärkendes Klopfen auf die Schulter oder den Daumen hoch. Ein Lob löst grundsätzlich erst mal ein gutes Gefühl aus. Das allein reicht auf Dauer im Arbeitsalltag nicht, weil Ihre Mitarbeitenden wissen sollten, was sie konkret gut gemacht haben. Genau an diesem Punkt setzen Sie mit positivem Feedback an: Sie bleiben nicht oberflächlich, sondern gehen detailliert auf das Verhalten und dessen Auswirkungen ein. Nutzen Sie dafür folgenden Feedback-Dreiklang:

1. **Was?** Schildern Sie kurz, prägnant und sachlich Ihre Wahrnehmung der Situation.
2. **Wirkung?** Formulieren Sie die Wirkung bzw. Auswirkung des Verhaltens oder der Leistung auf Sie und/oder andere Empfängergruppen.
3. **Wertschätzung** Dafür möchte ich dir herzlich danken.

Wenn Sie den Dreiklang umsetzen, ist die Art und Weise, wie Sie das positive Feedback formulieren, entscheidend, damit es die intrinsische (= aus eigenem Antrieb heraus) Motivation Ihrer Mitarbeitenden fördert.[24] Melden Sie des-

DAS **MOVENTE**-FÜHRUNGSMODELL

Wie bekommen Sie den erforderlichen Durchblick, um situativ gut zu führen? Indem Sie die vier Rollen des movente-Führungsmodells reflektieren und dann in ein Zusammenspiel bringen.

Ihre Führungs-DNA liegt in Ihrer Persönlichkeit. Die Auseinandersetzung mit dieser Rolle hilft Ihnen, sich selbst besser einzuschätzen. Um Ihre fachlichen und methodischen Kompetenzen als Führungskraft nutzen zu können, brauchen Sie Klarheit zu Ihrer Experten-Rolle. Sie geben Ihren Mitarbeitenden Orientierung aus der Verantwortlichen-Rolle und Unterstützung aus der Coach-Rolle.

Wenn Sie alle vier Rollen situativ passend umsetzen, erleben Ihre Mitarbeitenden Sie als klare und wertschätzende Führungskraft.

movente-Führungsmodell

Nur wenn Sie Ihre Persönlichkeit gut kennen, können Sie glaubwürdig führen. Setzen Sie sich mit den nachstehenden Aspekten auseinander und sehen Sie dadurch klarer, wie Sie als Führungspersönlichkeit gestrickt sind. Beginnen Sie bei Ihrem Äußeren und kommen Sie dann Schritt für Schritt Ihrem innersten Kern näher.

- Äußeres Erscheinungsbild
- Soziale und persönliche Kompetenzen
- Temperament und Kommunikationsstil
- Denkmuster und Antreiber
- Werte, Einstellungen und Bedürfnisse

movente-Führungsmodell

Ihr Expertentum liefert Ihnen die fachliche und methodische Sicherheit, um aus der Verantwortlichen- und Coach-Rolle führen zu können. Indem Sie die Experten-Rolle reflektieren, finden Sie heraus, auf welchem Fundament Sie stehen – und wie gut dieses zu Ihrer Führungsverantwortung passt.

- **Fachliche Kompetenzen**
- **Methodische Kompetenzen**
- **Feldkompetenz**
- **Netzwerke**

movente-Führungsmodell

Führen bedeutet Verantwortung übernehmen – für Menschen und für Themen. Aus der Verantwortlichen-Rolle wenden Sie Führungswerkzeuge an, um immer wieder für Orientierung und Durchblick bei sich und Ihren Mitarbeitenden zu sorgen.

- Vision, Selbstverständnis und Strategie
- Organisation
- Ziele
- Fehler- und Konfliktkultur
- Informations-/Besprechungskultur inkl. Kontaktstil
- Entscheidungen
- Delegation
- Soll-Ist-Abgleich
- Positives und konstruktives Feedback

movente-Führungsmodell

Beim Führen aus der Coach-Rolle nehmen Sie sich selbst zurück.
Indem Sie die entsprechenden Coaching-Werkzeuge anwenden,
öffnen Sie Denk-Räume und entwickeln dadurch Ihre Mitarbeitenden persönlich und fachlich weiter – Sie führen unterstützend.

- Systemischer Blick
- Ressourcen- und Lösungsorientierung
- Reflexion
- Perspektivwechsel
- Aktives Zuhören

Situatives Führen

SITUATIVES FÜHREN

Wie finden Sie Ihren passenden Führungsstil für unterschiedliche Mitarbeitende?

Es gibt nicht den einen passenden Führungsstil. Denn Sie führen Menschen mit unterschiedlich ausgeprägten persönlichen, sozialen, methodischen und fachlichen Kompetenzen.

Schon Hersey und Blanchard erkannten, dass Mitarbeitende dann motiviert und erfolgreich arbeiten können, wenn sie entsprechend ihrem Entwicklungsgrad – bezogen auf die jeweilige Aufgabe – geführt werden.

Und wie können Sie den situativen Führungsstil umsetzen? Indem Sie die Führungswerkzeuge aus der Verantwortlichen- und Coach-Rolle in unterschiedlicher Intensität bei Ihren Mitarbeitenden einsetzen.

ENTWICKLUNGSGRAD MITARBEITENDE (MA)

NIEDRIGE Kompetenzen d. MA

MITTLERE Kompetenzen d. MA

AUSGEPRÄGTE Kompetenzen d. MA

HOHE Kompetenzen d. MA

SITUATIVER FÜHRUNGSSTIL	**FÜHRUNGSVERHALTEN**

UNTERWEISEN

- Detaillierte und präzise Aufgabenstellung
- Klare Erwartungen bezüglich der Ziele und Umsetzung
- Genaue Vorgaben für starke Orientierung, engmaschige Soll-Ist-Abgleiche

ERKLÄREN U. TRAINIEREN

- Genaue Aufgabenstellung inkl. fachlichem Austausch
- Regelmäßige Termine für Soll-Ist-Abgleiche und Feedback
- Intensiver persönlicher Kontakt zur Unterstützung und Orientierung

PARTIZIPIEREN U. UNTERSTÜTZEN

- Gemeinsame Reflexion der Aufgabenstellung
- Ermutigen zu eigenverantwortlichem Handeln
- Abstimmungen zur Unterstützung mit größeren Abständen

DELEGIEREN

- Abgabe der Verantwortung für definierte Aufgabenbereiche
- Bei Bedarf persönliche oder fachliche Unterstützung
- Austausch und Feedback zu finalen Ergebnissen

Feedback & Aktives Zuhören

POSITIVES & KONSTRUKTIVES **FEEDBACK**

❶ WAS
Schildern Sie kurz, prägnant, sachlich Ihre Wahrnehmung der Situation.

❷ WIRKUNG
Formulieren Sie die Wirkung bzw. Auswirkung des Verhaltens oder der Leistung auf Sie und/oder andere Empfängergruppen.

Positives Feedback

❸ WERTSCHÄTZUNG
Schließen Sie mit einem «Dankeschön» ab.

Konstruktives Feedback

❸ WAS FOLGT?
Benennen Sie Ihre Erwartungen in Form einer Bitte, Empfehlung oder Aufforderung.

AKTIVES **ZUHÖREN**

SCHRITT ❶
- Einsatz mimischer und körpersprachlicher Signale
- Eventuell stimmliche Unterstützung

SCHRITT ❷
- Zusammenfassen der wesentlichen Elemente: «Ich habe Sie so verstanden, dass ...»
- Eventuell Fragen stellen: «Was ergab sich danach?»

SCHRITT ❸
- Gefühle ansprechen bzw. Bewertung erfragen: «Wie erleben Sie ...?», «Wie bewerten Sie ...?»

halb differenziert zurück, inwiefern Sie Ihre Mitarbeitenden als wirksam erleben, und bestärken Sie diese, auch künftig so zu arbeiten. Hierdurch zeigen Sie Ihren Mitarbeitenden, dass Sie wahrnehmen, wie sie Initiative zeigen und wie sich ihr Verhalten positiv auf das berufliche Umfeld auswirkt. Entdecken Sie deshalb, wenn Ihre Mitarbeitenden etwas gut machen, und melden Sie es ihnen zurück. Das könnte im Gespräch zwischen Geschäftsführerin und Projektkoordinator in einem Planungs- und Baubüro folgendermaßen klingen:

1. **Was?** Ich möchte dir kurz mitteilen, wie der kritische Termin mit unserem Kunden ImmoBau vergangenen Freitag gelaufen ist. Dafür hattest du ja vergangene Woche die Ausarbeitungen zum Bauabschnitt 3 in Nürnberg gemacht.
2. **Wirkung?** Weil du zum Planungsentwurf auch eigeninitiativ eine detaillierte Kalkulation erarbeitet hattest, konnte ich bei kritischen Nachfragen zu den Kosten gute Argumente für unseren Entwurf liefern. Dadurch war ich aussagefähig und konnte den Kunden von unserem Entwurf überzeugen.
3. **Wertschätzung** Danke für deine gute Vorarbeit.

Konstruktives Feedback
Haben Sie sich schon zum wiederholten Mal über einen Ihrer Mitarbeitenden geärgert? Dann wäre das die ideale Gelegenheit, um konstruktives Feedback zu geben. Sie äußern damit Ihre Kritik auf eine aufbauende Art und Weise und geben Ihrem Mitarbeitenden eine Chance, sich zu verändern. Wenn Sie folgende Punkte beachten, dann wird konstruktives Feedback für Ihre Mitarbeitenden annehmbar und sie können sich verändern:

- Seien Sie wertschätzend zum Menschen und klar in der Sache.
- Verwenden Sie Ich-Botschaften statt Du-Botschaften, um nicht zuschreibend zu formulieren. Das heißt, Sie schildern Ihre subjektive Wahrnehmung und deren Auswirkung.
- Lassen Sie Wörter wie «immer», «ständig» oder «dauernd» raus, um nicht verallgemeinernd und kategorisch zu sprechen.
- Formulieren Sie Ihr Feedback zeitnah, damit die Situation noch präsent ist.
- Wählen Sie einen geschützten Raum, um das Feedback-Gespräch unter vier Augen zu führen.

Insbesondere für konstruktives Feedback sollten Sie sich Zeit nehmen, um die Situation zu reflektieren und Ihre Rückmeldung mit dem Dreiklang vorzuformulieren:

1. **Was?** Schildern Sie kurz, prägnant und sachlich Ihre Wahrnehmung der Situation.
2. **Wirkung?** Formulieren Sie die Wirkung bzw. Auswirkung des Verhaltens oder der Leistung auf Sie und/oder andere Empfängergruppen.
3. **Was folgt?** Benennen Sie Ihre Erwartung für die Veränderung als Wunsch, Bitte, Empfehlung oder Aufforderung.

Nachstehendes Beispiel zeigt, wie Sie konstruktives Feedback wertschätzend und gleichzeitig klar formulieren können. Stellen Sie sich vor, Sie kommen in der Abschlussphase zu einem Kundentermin dazu, den Ihr neuer Key Account Manager durchführt. Dabei erleben Sie, dass Ihr Mitarbeiter den

Vertrag mit dem Kunden abschließt. Trotz dieses Erfolgs arbeitet im Anschluss bei Ihnen noch etwas nach: Der Rahmen der Besprechung entsprach nicht den Anforderungen, die Sie in Ihrer Organisation für Kundentermine vorgeben. Deshalb entscheiden Sie sich, Ihrem Mitarbeiter zum gelungenen Abschluss ein positives Feedback zu geben und ihm auch zurückzumelden, wie Sie sich den Gesprächsrahmen für künftige Kundentermine vorstellen. Dadurch können Sie zeitnah und situationsbezogen Ihre Erwartungen für einen professionellen Umgang mit Kunden formulieren. Deshalb bitten Sie ihn am nächsten Morgen für ein kurzes Gespräch in einen ruhigen Besprechungsraum. Sie gratulieren ihm zum Abschluss und geben ihm ein positives Feedback zu seiner gelungenen Gesprächsführung. Dann formulieren Sie folgendes konstruktives Feedback:

1. **Was?** Ich möchte zu meiner positiven Rückmeldung dir noch sagen, was mir beim Kundentermin mit AlphaSet aufgefallen ist: Im Besprechungsraum standen in der einen Ecke noch Stühle auf dem Tisch, die Luft war ziemlich abgestanden, und es gab keine Getränke auf dem Besprechungstisch.
2. **Wirkung?** Auf mich hat die Atmosphäre im Besprechungsraum unvorbereitet und wenig einladend gewirkt.
3. **Was folgt?** Deshalb möchte ich diese Situation gleich nutzen, um mit dir meine Vorstellungen für Kundengespräche durchzugehen. Mir ist es wichtig, dass auch die kleinen Dinge stimmen, damit eine gute Atmosphäre im Raum herrscht. Ich bitte dich, künftig auch für diesen Rahmen zu sorgen, d.h. den Raum zu lüften, ausreichend Getränke auf den Tisch zu stellen und überzählige Stühle im Abstellraum zu verstauen. Ich danke dir für deine Unterstützung.

Im tatsächlichen Gesprächsverlauf können Sie zwischen den drei Feedback-Schritten Zwischenfragen einbauen, um in einen Dialog zu kommen. Folgende Fragen könnten Sie nutzen:

- Wie hat die Besprechungssituation auf dich gewirkt?
- Was sollten wir aus deiner Sicht verändern?

Durch diese Zwischenfragen erfahren Sie auch die Sichtweise Ihres Gegenübers und können dessen Aussagen in die Veränderungsempfehlung im dritten Schritt gleich einbauen.

Wieso sollten Sie sich als Führungskraft Feedback einholen?

Als Führungskraft sind Sie es vermutlich gewohnt, dass Sie Ihren Mitarbeitenden Feedback geben. Aber bekommen Sie selbst auch ausreichend Feedback? Wenn Sie diese Frage mit einem «Nein» beantworten, dann lohnt es sich, das zu ändern und sich von Ihrem oder Ihrer Vorgesetzten, anderen Führungskräften und Mitarbeitenden Feedback einzuholen. Denn positives Feedback motiviert und stärkt Sie in Ihrer Führungsverantwortung. Außerdem bietet es die Chance, Ihre blinden Flecken zu entdecken – mit diesem Wissen können Sie sich gezielt weiterentwickeln.

Im beruflichen Alltag könnten Sie sich beispielsweise für folgende Situation Feedback einholen: Sie sind mit Ihrem Chef gemeinsam bei der Geschäftsführung und stellen die Planung für das nächste Jahr vor. Wieder zurück im Büro bitten Sie Ihren Chef, ob er Ihnen ein Feedback zu Ihrer Präsentation geben kann. Sie fragen ihn konkret, was er positiv erlebt und wie es auf ihn gewirkt hat? Und welche konkreten Empfehlungen er für die nächste Präsentation für Sie hat?

Aus der Rückmeldung Ihres Chefs erfahren Sie, dass er Sie als detailliert vorbereitet und strukturiert erlebt hat, wodurch er Ihrem Vortrag gut folgen konnte. Er hat allerdings als störend empfunden, dass Sie unzählige Male die Phrase «Auf gut Deutsch» benutzt haben. Das hat auf ihn den Eindruck gemacht, dass Sie diese Phrase dazwischengeschoben haben, weil Sie eigentlich eine gedankliche Pause machen wollten. Außerdem ergänzt er, dass er sich gegen Ende des Vortrags davon genervt gefühlt ha, da er diesen Ausdruck bei Ihnen schon öfter wahrgenommen hat. Deshalb empfiehlt er, dass Sie sich diese Formulierung abtrainieren, um Ihren ansonsten sehr guten Kommunikationsstil nicht zu schwächen.

IMPULS: Geben Sie konstruktives Feedback mit dem Kommunikations-Quadrat

Üben Sie in den nächsten Wochen, konstruktives Feedback zu geben. Nehmen Sie dafür Ihre Mitarbeitenden bewusst wahr: Welches verbesserungswürdige Verhalten fällt Ihnen auf oder welche Arbeitsleistung sollte korrigiert werden? Bereiten Sie dann die konstruktive Rückmeldung vor und geben Sie das Feedback im persönlichen Gespräch.

Für diejenigen, die eine visuelle Unterstützung des Feedback-Dreiklangs *«Was? Wirkung? Was folgt?»* schätzen, ist das Kommunikationsquadrat nach Schulz von Thun ideal.[20] Denn im Kommunikationsquadrat ist der Ablauf für konstruktives Feedback enthalten. Das bedeutet: Gehen Sie gegen den Uhrzeigersinn durch das Quadrat, so decken Sie alle Stationen für konstruktives Feedback ab.

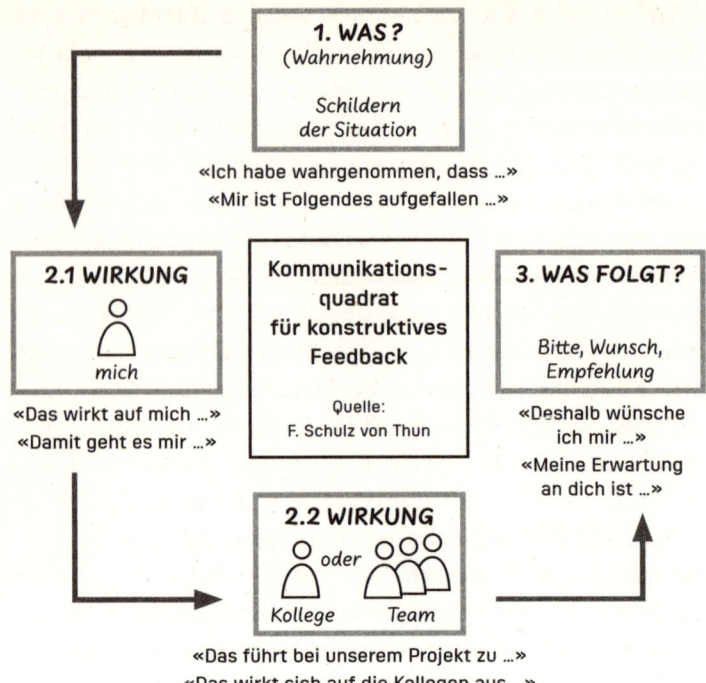

Reflektieren Sie nach dem Feedback-Gespräch Folgendes:
- Wie klar und wertschätzend konnten Sie Ihren Veränderungswunsch vermitteln?
- Wie konstruktiv nahm Ihre Mitarbeiterin oder Ihr Mitarbeiter diese Bitte zur Veränderung auf?
- Setzen Sie sich dann einen Termin in ca. ein bis zwei Monaten, um das geänderte Verhalten mit einem weiteren Feedbacktermin positiv zu bestätigen oder, falls keine Änderung eingetreten ist, ein zweites konstruktives Feedbackgespräch zu führen.

DIGITAL FÜHREN: **Feedback geben und einholen**

Beim digitalen Führen ist Feedback ein idealer Weg, um gezielt mit Ihren Mitarbeitenden in einen persönlichen Kontakt zu treten. Damit zeigen Sie ihnen, dass Sie ihre Leistung und ihr Verhalten auch auf Distanz wahrnehmen.

Je nachdem, welche Art von Feedback Sie geben, sollten Sie den digitalen Kanal entsprechend wählen: Positives Feedback funktioniert auch gut in einem Telefonat, wohingegen Sie für konstruktives Feedback ein virtuelles Videogespräch wählen sollten. Greifen Sie spontan zum Hörer, um Ihren Mitarbeitenden im Arbeitsalltag eine positive Rückmeldung zu geben. Achten Sie im Telefonat darauf, dass Sie beim Feedback-Geben das *Was?* sprachlich von der *Wirkung?* trennen. Damit können Ihre Mitarbeitenden auch auditiv schnell erfassen, was Ihre Botschaft ist. Um das Telefonat zu begrenzen, können Sie Ihr Feedback mit einem «Dankeschön» oder einem «Das wollte ich dich wissen lassen» abschließen.

Vereinbaren Sie für konstruktives Feedback einen Video Call, weil Sie dadurch folgende Vorteile nutzen können: Bei fachlichen Themen können Sie Ihren Bildschirm teilen, um notwendige Schriftstücke gemeinsam anzuschauen, und haben gleichzeitig Ihr Gegenüber im Blick. Außerdem können Sie die körpersprachlichen Reaktionen sehen und auch gezielt Ihre eigene Körpersprache einsetzen, um Ihr Feedback zu unterstreichen. Besonders bei Teammitgliedern, die einen hohen Perfektionsdrang haben, kann bereits ein vorsichtig formuliertes konstruktives Feedback zu Rechtfertigungen oder Frust führen. Wenn Sie dann körperliche Stressreaktionen im Video sehen (z. B. hektische Atmung, energisches Kopfschütteln oder zusammengezogene Augenbrauen), können Sie Ihre Bitte zur Veränderung mit ruhiger Stimme wiederholen und mit einem aufmunternden Lächeln ergänzen. Wohingegen Sie mit Mitarbeitenden, die eigene Fehler nur schwer einsehen und permanent dagegen argumentieren, langsamer und bestimmter sprechen, dabei intensiv den Blickkontakt suchen und Ihre Botschaften noch klarer formulieren – dadurch geben Sie Orientierung.

KOMPAKT: **Feedback geben und einholen**

✓ Indem Sie positives Feedback geben, bestärken Sie die fachlichen, methodischen und persönlichen Ressourcen Ihrer Mitarbeitenden und signalisieren ihnen, dass sie so weitermachen sollen.

✓ Mit konstruktivem Feedback formulieren Sie Ihre Kritik und verknüpfen diese mit Ihren Erwartungen, wie sich Ihre Mitarbeitenden verändern sollen – das kann sich auf inhaltliche Themen und auf ihr Verhalten beziehen.

✓ Geben Sie mehr positives als konstruktives Feedback, weil Sie dadurch die Beziehungsebene stärken und gelegentliche kritische Rückmeldungen annehmbarer werden.

✓ Für positives Feedback nutzen Sie folgenden Dreiklang: Als Erstes formulieren Sie *Was*?, also Ihre Wahrnehmung der Situation, und beschreiben als Zweites die *Wirkung*, d. h. die Auswirkung des Verhaltens oder der Leistung auf Sie oder andere und schließen drittens mit Ihrer *Wertschätzung*, z. B. einem individuellen Dankeschön, ab.

> - ✓ Bei konstruktivem Feedback ändern Sie den Dreiklang im dritten Schritt ab: *Was*? *Wirkung*? und dann als Drittes *Was folgt*? Damit benennen Sie Ihre Erwartung für die Veränderung als Wunsch, Bitte, Empfehlung oder Aufforderung.
> - ✓ Für eine bildliche Unterstützung können Sie das Kommunikationsquadrat von Schulz von Thun nutzen, um konstruktives Feedback sprachlich umzusetzen.
> - ✓ Beim digitalen Führen können Sie positives Feedback über E-Mail, Telefon und Video-Anruf geben. Für konstruktives Feedback empfiehlt sich der persönlichere Kontakt durch einen Video-Anruf, um die körpersprachliche Komponente einzubeziehen.

Durch die Reflexion Ihrer Verantwortlichen-Rolle haben Sie nun den notwendigen Durchblick, um Ihren Mitarbeitenden im Arbeitsalltag Orientierung geben zu können. Damit Sie Ihrem Team in der Zusammenarbeit die notwendige Gestaltungsfreiheit geben und jeden Einzelnen in seiner Entwicklung begleiten, brauchen Sie ergänzend zur orientierenden Verantwortlichen-Rolle eine unterstützende Führungs-Rolle: den Coach. Im anschließenden Kapitel lernen Sie die innere Haltung der Coach-Rolle kennen und wenden die entsprechenden Führungswerkzeuge an. Später im Buch finden Sie ein Kapitel, das die vier Rollen des *movente*-Führungsmodells im Zusammenspiel erläutert – durch die Verknüpfung der Rollen entsteht Ihr situativer Führungsstil (siehe S. 165).

Coach:
Wie geben Sie Unterstützung?

Warum lohnt es sich, die Coach-Rolle in Ihr Führungsverständnis zu integrieren? Weil Sie in dieser Rolle als Führungskraft auf eine zurückhaltende und gleichzeitig effektive Art wirksam werden können. Die Coach-Haltung beim Führen einzunehmen bedeutet nicht, dass Sie damit zum Coach Ihrer Mitarbeitenden werden. Sie nutzen die Coach-Rolle im *movente*-Führungsmodell für Gesprächsphasen, um mit den entsprechenden Kommunikationswerkzeugen Ihre Mitarbeitenden unterstützend zu führen. Folgende Werkzeuge können Sie dafür nutzen:

- Systemischen Blick einnehmen
- Ressourcen- und lösungsorientiert denken und handeln
- Reflexion anregen
- Perspektivwechsel nutzen
- Aktives Zuhören anwenden

In der Coach-Rolle geben Sie nicht sofort Antworten oder treffen Entscheidungen, sondern nehmen sich zurück, um Ihre Mitarbeitenden in die Verantwortung zu bringen. Sie signalisieren Wertschätzung und Interesse, wenn Sie Werkzeuge wie Aktives Zuhören und lösungsorientierte Fragen nutzen, um den Themen Ihrer Mitarbeitenden Raum zu geben. Im Dialog finden Sie durch Reflexion und Perspektivwechsel gemeinsam heraus, welche tragfähigen Lösungen es gibt und wie Ihr Gegenüber diese umsetzen kann und will.

Wann und wie lange Sie die Coach-Rolle im Gespräch nutzen, hängt von der Situation und dem Entwicklungsgrad Ihrer Mitarbeitenden ab. Das heißt, je mehr persönliche, soziale, fachliche und methodische Kompetenzen Ihre Mitarbeitenden haben, desto intensiver sollten Sie beim Führen die Coach-Rolle nutzen (siehe S. 174). Diese Art der Führung ist zeitintensiver, weil Sie sich auf Ihr Gegenüber und die Situation einlassen müssen.[25] Gleichzeitig generieren Sie Mehrwert, wenn Sie aus der Coach-Rolle führen:

- Sie beziehen Ihre Mitarbeitenden bei der Lösungsentwicklung ein. Dadurch identifizieren sie sich mit den Lösungen deutlich stärker, weil sie diese selbst (mit-)entwickeln. Ihre Mitarbeitenden erlangen Selbstvertrauen in ihre fachlichen Kompetenzen und erleben sich als selbstwirksam – das steigert deren Motivation, die vorhandenen Fertigkeiten bewusst einzusetzen.

- Durch Aktives Zuhören können Sie das Denken und Fühlen Ihrer Mitarbeitenden besser nachvollziehen. Das trägt auch dazu bei, Missverständnissen und Konflikten vorzubeugen.

- Wenn Sie Ihren Mitarbeitenden ausreichend Zeit und Raum geben, eigene Ideen, Vorschläge und Lösungen einzubringen, können auch Sie Ihre Gedanken damit überprüfen. Sie gewinnen einen oder mehrere Sparringspartner und -partnerinnen.

- Indem Sie Ihren Mitarbeitenden Aufmerksamkeit schenken und deren Anliegen ernst nehmen, stärken Sie die Beziehungsebene und schaffen Vertrauen.

Seien Sie sich bewusst, dass Sie mit der Coach-Rolle an Grenzen stoßen, wenn Sie z. B. unter Zeitdruck stehen oder Ihre Mitarbeitenden erst gering ausgeprägte fachliche Kompetenzen haben. Deshalb sollten Sie die Coach- und die Verantwortlichen-Rolle in Ihrem Führungsverständnis verankern, um bei Bedarf situativ zwischen beiden wechseln zu können – die Rollen schließen sich nicht aus, sondern ergänzen sich (siehe S. 165).

Systemischen Blick einnehmen

Sie brauchen den systemischen Blick, um mit vielschichtigen Führungsthemen umgehen zu können. Als Führungskraft systemisch zu denken bedeutet, dass Sie gedanklich einen Schritt zur Seite gehen, um bei komplexen Themen Geschwindigkeit herauszunehmen und Zeit in eine ganzheitliche Betrachtung zu investieren: Fehler oder Konflikte im System entstehen nämlich häufig dann, wenn Sie vorschnell entscheiden und Informationen weitergeben. Diese Konflikte zu klären und Fehler zu korrigieren, kostet meist deutlich mehr Zeit, als wenn Sie im Vorfeld bereits mit Ihren Mitarbeitenden Zusammenhänge beleuchten und die daraus entstehenden Wechselwirkungen einbeziehen.[26]

Stellen Sie sich vor, Sie wollen mit Ihrem Team eine fachliche Entscheidung fällen. Aus der Coach-Rolle nutzen Sie den systemischen Blick, um gemeinsam mit Ihren Mitarbeitenden Zusammenhänge und Einflussfaktoren herauszuarbeiten, die bei der Entscheidungsfindung eine Rolle spielen. Sie durchdenken die Auswirkungen, die auf sämtliche Beteiligte, Prozesse, Zielsetzungen und die Organisation zukommen könnten. Mit dem systemischen Blick können Sie im Voraus mögliche Stolpersteine aus dem Weg räumen oder diese in die Lösungsentwicklung einbeziehen.

IMPULS: **Erkennen Sie, welchen Nutzen Ihnen der systemische Blick bringt**

Nehmen Sie ein Tablet oder Blatt Papier zur Hand, und notieren Sie in die Mitte der Seite eine Entscheidung, die Sie und/oder Ihr Team zeitnah treffen müssen. Stellen Sie sich dann folgende systemische Fragen in Bezug auf die Entscheidung und notieren Sie Ihre Antworten.

Systemischer Blick auf die Entscheidung:

1. Wer muss wann in die Entscheidungsfindung einbezogen werden?
2. Wer muss wann, von wem und wie über die Entscheidung informiert werden?

Systemischer Blick auf die Auswirkungen:

1. Welche internen Abteilungen und welche Kollegen sind von dieser Entscheidung betroffen?
2. Welche externen Beteiligten beeinflusst die zu treffende Entscheidung?

Für einen schnellen Check bei weniger weitreichenden Entscheidungen und Informationsweitergaben im Alltag hilft Ihnen die folgende systemische Frage: Wer könnte sich übergangen fühlen?

DIGITAL FÜHREN: **Visualisieren der systemischen Zusammenhänge in Audio- und Videokonferenzen**

Wenn Sie nicht gemeinsam in einem Besprechungsraum sitzen, sondern in einer Audio- und Videokonferenz zusammenarbeiten, dann sind Visualisierungen hilfreich, denn systemische Zusammenhänge nur durch Zuhören zu durchdringen, ist aufgrund ihrer Komplexität oft schwer möglich. Deshalb hilft es, wenn Sie die Zeit investieren, um aus der Coach-Rolle gemeinsam mit Ihrem Team während des Besprechens eine Skizze zu erarbeiten. Dadurch visualisieren Sie die systemischen Zusammenhänge zwischen Thema, Prozessen und Personen. Für die Umsetzung können Sie ein digitales Whiteboard nutzen. Verwenden Sie z. B. das in Teams integrierte Whiteboard oder externe Plattformen wie Conceptboard oder Mural. Bei all diesen Tools können Sie Ihren Mitarbeitenden Zugriff geben und so gemeinsam den systemischen Blick auf das Thema, z. B. eine Entscheidung, visualisieren.

KOMPAKT: **Systemischer Blick**

✓ Besonders beim Vorbereiten und Treffen von Entscheidungen zahlt es sich aus, wenn Sie den systemischen Blick nutzen, um die Zusammenhänge und Wechselwirkungen in der Organisation zu durchdenken.

✓ Mittels einer ganzheitlichen Betrachtung versuchen Sie auch, die Auswirkungen und ggf. Störungen vorzudenken.

✓ Durch den systemischen Blick beziehen Sie die relevanten Beteiligten rechtzeitig ein bzw. informieren diese.

✓ Als digitale Führungskraft können Sie mit Ihrem Team gemeinsam systemisch auf Themen blicken, indem Sie komplexe Zusammenhänge mittels virtueller Whiteboards visualisieren.

✓ Missverständnisse, Fehler und letztlich daraus entstehende Konflikte können Sie reduzieren, wenn Sie immer wieder aus der Coach-Rolle gedanklich einen Schritt zur Seite gehen und sich die Zeit nehmen, das betroffene System zu analysieren.

Ressourcen- und lösungsorientiert denken und handeln

Die beste und tragfähigste Lösung zu entwickeln bedeutet oft, dass Sie aus der Coach-Rolle Ihren Mitarbeitenden zunächst Fragen zu den vorhandenen Ressourcen stellen, statt ihnen aus der Verantwortlichen-Rolle schnelle Antworten oder Anweisungen zu geben:

- Bringen Sie Ihre Sicht auf die vorhandenen Ressourcen Ihrer Mitarbeitenden ein, indem Sie Beispiele aufführen, in denen z. B. persönliche und soziale sowie fachliche und methodische Kompetenzen gelungen genutzt wurden.
- Erfragen Sie von Ihren Mitarbeitenden deren Erfahrungsschatz (Feldkompetenz), d. h. wie sie in der Vergangenheit bereits ähnliche Situationen und Themen erfolgreich bewältigt haben.

Dadurch aktivieren Sie bei sich und Ihren Mitarbeitenden das Bewusstsein für vorhandene Erfahrungen und Kompetenzen und wie diese in der aktuellen Situation bestmöglich genutzt werden können. Damit fokussieren Sie sich auf die nutzbaren Stärken Ihrer Mitarbeitenden und nicht auf das, was noch fehlen könnte – das wirkt motivierender und führt schneller zu einer Lösung.

Im beruflichen Alltag kommt es immer wieder vor, dass Mitarbeitende bei fachlichen Themen feststecken und nur noch über vorhandene Schwierigkeiten sprechen. Sie befinden sich sozusagen in einer Art Problemtrance; eine Lösung ist nicht in Sicht. Wenn Sie das mitbekommen, dann sollten Sie in die Coach-Rolle gehen, um durch lösungsorientierte Fragen neue Denkanstöße ins System zu bringen. Mögliche Fragen dafür sind:

- Welche Fähigkeiten haben wir im Team, auf die wir zurückgreifen können?
- Welche persönlichen Erfahrungen haben Sie im Bereich XY in Ihrer vorherigen Organisation sammeln können?
- Wie haben Sie bei anderen Projekten diese Situation bereits einmal gelöst? Und welche Ihrer Stärken oder Kompetenzen haben Sie dafür genutzt?
- Welche Lösung hat unser Kunde bisher schon von Ihnen akzeptiert?
- Wen können Sie um Unterstützung bitten?
- Wann hat es schon mal geklappt? Was war dabei anders?
- Was haben Sie bisher schon unternommen? Mit welchem Erfolg?
- Auf welche Ihrer Kompetenzen können Sie vertrauen?
- Was könnte ein erster Schritt in Richtung Lösung sein?

Indem Sie lösungsorientierte Fragen stellen, gehen Sie weg von der negativen und vergangenheitsorientierten Problemfokussierung und initiieren stattdessen einen positiven und zukunftsorientierten Austausch.[27] Diese Vorgehensweise gilt genauso für das digitale Führen, weshalb Sie alle Empfehlungen für ressourcen- und lösungsorientiertes Denken und Handeln sowohl analog als auch digital umsetzen können.

IMPULS: **Coachen Sie Ihre Mitarbeitenden in die Lösungsorientierung**

Wählen Sie ein aktuelles Thema aus, bei dem Ihnen aufgefallen ist, dass ein oder mehrere Mitarbeitende in einer Problemtrance feststecken: Sie hören immer wieder, was an dem Thema negativ ist, was nicht möglich ist und wer schuld daran ist, dass es bisher keine Lösung gibt. Das ist für Sie der Anlass, um aus der Coach-Rolle einen Austausch anzuregen. Gehen Sie dann wie folgt vor:

1. Lassen Sie von den Beteiligten die aktuelle Situation mit den momentanen Herausforderungen beschreiben. Begrenzen Sie die Schilderung auf maximal zehn Minuten, um die Situation verstehen zu können, aber nicht zu tief in eine Problemtrance hineinzuschlittern.
2. Steigen Sie dann in die Ressourcen-Orientierung ein. Fragen Sie dafür nach, was bisher gut geklappt hat und die Beteiligten ansonsten noch positiv wahrgenommen haben. Fassen Sie das Gehörte visuell zusammen – entweder auf Papier oder am digitalen Whiteboard.
3. Wenden Sie sich nun der Lösungsorientierung zu. Überprüfen Sie dazu, welche der lösungsorientierten Fragen am besten zur Situation passt und den größten Effekt auf Ihre Mitarbeitenden haben könnte. Wenn Sie merken, dass Sie mit einer Frage nicht weiterkommen, beißen Sie sich an dieser nicht fest, sondern probieren Sie es mit einer anderen. Es geht darum, dass Sie durch Ihre Fragen bei Ihren Mitarbeitenden Überlegungen auslösen, die sie als Teil des Systems von alleine nicht anstellen würden.
4. Lassen Sie Ihre Mitarbeitenden die neuen Lösungsansätze bewerten und entscheiden, wie das Team damit weiter vorgehen will.

KOMPAKT: **Ressourcen- und Lösungsorientierung**

- ✓ Ihnen ist wichtig, die vorhandenen Ressourcen Ihres Teams in die Lösungsfindung einzubeziehen.
- ✓ Wenn Sie aus der Coach-Rolle ressourcenorientiert führen, nehmen Sie die vorhandenen Kompetenzen bewusst wahr oder erfragen diese, um damit bestmögliche Ergebnisse zu erzielen.
- ✓ Als Führungskraft ist es Ihre Aufgabe, bei festgefahrenen und problemorientierten Gesprächen zum richtigen Zeitpunkt aus der Coach-Rolle lösungsorientierte Fragen zu stellen, um Denkanstöße zu initiieren.

Reflexion anregen

Es beginnt bei Ihnen: Wie und wann reflektieren Sie Ihre Führungspersönlichkeit? Nur wenn Sie sich selbst regelmäßig reflektieren, können Sie aus der Coach-Rolle glaubwürdig Ihre Mitarbeitenden zur Reflexion anregen – also sie zum Nachdenken über ihr Verhalten bringen. Damit hinterfragen Sie das Verhalten Ihrer Mitarbeitenden und stellen nicht die Person an sich in Frage.

Wenn Sie sich regelmäßig in Einzel- oder Teambesprechungen die Zeit nehmen, um eine Reflexionseinheit zu initiieren, dann ist es für Ihr Team normal, über das eigene Verhalten und dessen Auswirkung nachzudenken. In diesen Retrospektiven reflektieren Sie den operativen Alltag und die Zusammenarbeit, um zu erfahren, wie es den Mitarbeitenden zu bestimmten Themen und Prozessen geht. Dadurch setzen sie sich als Team kritisch mit fachlichen und zwischenmenschlichen Erfahrungen der letzten Wochen auseinander. Der Mehrwert für Sie als Führungskraft ist, dass Sie erfahren, was die anderen beschäftigt. Zu folgenden Fragen können Sie Ihr Team analog und digital reflektieren lassen:

- Was ist im letzten Monat gut gelaufen – im Team, im Projekt und im Arbeitsalltag?
- Was war herausfordernd? Gibt es grundsätzliche Probleme?
- Wo sollten Sie/Ihr Team im kommenden Monat etwas verändern?
- Welche Unterstützung brauchen Sie/Ihr Team dafür?

IMPULS: **Regen Sie im Team zur Reflexion an**
Planen Sie in der nächsten Teambesprechung zehn bis fünfzehn Minuten Zeit ein, um Ihr Team in einer Rückschau zum Nachdenken zu bringen. Nutzen Sie dafür die oben beschriebenen Fragen als Gerüst, und ergänzen Sie diese ggf. noch um Ihre themenspezifischen Fragen.

Halten Sie während der Reflexion die Erkenntnisse und Verbesserungsvorschläge in Stichworten oder einer Grafik fest. Dadurch zeigen Sie Ihrem Team, dass Sie die Themen ernst nehmen. Außerdem können Ihre Mitarbeitenden durch die Visualisierung Ihr Gesagtes noch mal schwarz auf weiß sehen – und Sie haben im Nachgang für alle eine Dokumentation.

Wenn Sie die erste Reflexion mit Ihrem Team gemacht haben, fragen Sie zum Abschluss der Teamsitzung Folgendes:

- Wie habt ihr diese Einheit erlebt?
- Was hat sie euch gebracht?
- Wie soll künftig in Besprechungen eine gemeinsame Retrospektive integriert werden?

DIGITAL FÜHREN: **Reflexionseinheiten stärken**
Ihr digitales Team
Entscheidend ist, dass Sie als digitale Führungskraft sich und Ihr Team für regelmäßige virtuelle Retrospektiven motivieren. Machen Sie sich den Mehrwert bewusst und kommunizieren Sie diesen Ihren Mitarbeitenden. Nur dann wird nachvollziehbar, weshalb sie die Zeit investieren. Folgende Aspekte machen den Mehrwert deutlich:

- Sie erleben sich als Team, wenn sie gemeinsam über das fachliche und persönliche Miteinander der letzten Wochen sprechen und darüber kritisch nachdenken.

- Sie docken auf der Beziehungsebene an, wenn Sie strukturiert und in einem bestimmten zeitlichen Rahmen über die Zusammenarbeit reflektieren.
- Sie lernen jedes Teammitglied auf einer persönlicheren Ebene kennen und können dadurch Reaktionen künftig besser einschätzen.

Die Vorgehensweise bei einer virtuellen Retrospektive bleibt die gleiche wie im analogen Setting. Sie müssen sich lediglich entscheiden, mit welchem Tool die Erkenntnisse und Anregungen für Verbesserungen visualisiert werden. Meist genügt dafür ein virtuelles Whiteboard.

KOMPAKT: **Reflexion anregen**

✓ Indem Sie Reflexion initiieren, bringen Sie Ihr Team dazu, kritisch auf die fachliche und persönliche Zusammenarbeit zu schauen. Dadurch wird den Beteiligten bewusst, was gut läuft und was verbessert werden muss.

✓ Sie brauchen als Team diese Reflexions-Einheiten, um für kurze Zeit einen Schritt aus dem operativen Tagesgeschäft herauszutreten und mit Abstand auf Ihre Arbeit schauen zu können.

✓ Wenn Sie sich als digitale Führungskraft die Zeit für Reflexion nehmen, stärkt dies Ihr Team in fachlicher und persönlicher Hinsicht – das kann ein Motivationsspender bei der Zusammenarbeit auf Distanz sein.

Perspektivwechsel nutzen

Was haben berufliche Themen, Krisen und Konflikte gemeinsam? Die unterschiedlichen Sichtweisen, die die Beteiligten darauf haben. Besonders dann, wenn die Sichtweisen scheinbar unvereinbar sind, sollten Sie aus der Coach-Rolle zu einem Perspektivwechsel einladen – um im ersten Schritt für mehr Verständnis zu sorgen. Sie können Ihre Mitarbeitenden anregen, die Situation aus einer anderen Perspektive zu betrachten, was im zweiten Schritt zu neuen Denkweisen und Ideen führen kann.

Auch bei diesem Werkzeug aus der Coach-Rolle ist entscheidend, dass Sie es als sinnvoll ansehen, es anwenden und dadurch für Ihre Mitarbeitenden erlebbar machen. Stellen Sie sich zum Beispiel vor, Ihre Innendienst-Mitarbeiterin teilt Ihnen mit, dass sie ausschließlich im Home-Office arbeiten möchte, weil das für sie angenehmer ist. Da es bei Ihnen im Betrieb die Regelung gibt, an mindestens zwei Tagen im Büro zu sein, sehen Sie zwei Möglichkeiten, um zu reagieren: Sie weisen aus der Verantwortlichen-Rolle die Mitarbeiterin darauf hin, dass für alle im Team die gleichen Regeln gelten und sie deshalb an zwei Tagen vor Ort sein muss. Oder Sie gehen als Erstes in die Coach-Rolle und bitten die Mitarbeiterin, sich in Ihre Lage als Führungskraft und die des Teams zu versetzen – damit initiieren Sie einen Perspektivwechsel. Sie könnten wie folgt kommunizieren:

> Ich habe dich so verstanden, dass du ab sofort nur noch im Home-Office arbeiten möchtest. Wie du weißt, habe ich als Teamleiterin die Verantwortung, die Regelungen für das mobile Arbeiten für alle Mitarbeitenden gleich umzusetzen. Stell dir vor, ich genehmige dir, statt den erlaubten drei Tagen die ganze Woche von zu Hause aus zu arbeiten. Wie würden die anderen aus dem Team reagieren, wenn sie davon erfahren?

Das Beispiel zeigt, wie Sie bei Ihrer Mitarbeiterin mittels eines Perspektivwechsels Verständnis für Ihre Entscheidung erzeugen können. Grundsätzlich können Sie aus der Coach-Rolle zum Perspektivwechsel einladen, indem Sie nachstehende zirkuläre Fragen stellen:

- Wie würde das Team es beurteilen, wenn du als Einzige komplett im Home-Office bleibst?
- Wie würde unsere Personalabteilung reagieren, wenn wir als einziges Team die offiziellen Regeln für das hybride Arbeiten nicht einhalten?
- Welche Reaktion würdest du von unserem Chef zu deiner Anfrage erwarten?
- Wie würde dein Kollege aus dem Außendienst es bewerten, wenn du nur noch im Home-Office bist?

Ob Ihre Mitarbeitenden sich auf einen Perspektivwechsel einlassen können, hängt stark von deren Persönlichkeit ab. Indem Sie immer wieder aus der Coach-Rolle zirkuläre Fragen formulieren, trainieren Sie Ihre Mitarbeitenden, empathisch zu sein, sich also in andere hineinzuversetzen und dadurch unterschiedliche Sichtweisen einzunehmen.

IMPULS: **Üben Sie den Perspektivwechsel beim Führen nach oben**

Denken Sie an Ihre eigene Führungskraft und überlegen Sie, welches Thema Sie aktuell gemeinsam beschäftigt, bei dem Sie sehr unterschiedliche Sichtweisen (Positionen) vertreten.

1. Notieren Sie sich sowohl in Kurzform das Thema als auch Ihre beiden Positionen.
2. Formulieren Sie zu Ihrer Position das dahinterliegende Interesse: Weshalb ist das für Sie wichtig? Welches Ziel oder Bedürfnis steckt dahinter?
3. Wechseln Sie nun die Perspektive: Versuchen Sie, sich in Ihre Führungskraft und deren Sichtweise/Position hineinzuversetzen. Welches Interesse könnte hinter der Position stecken? Wenn Sie mit den Augen Ihrer Führungskraft auf das Thema schauen: Wieso ergibt diese Position/Sichtweise Sinn?
4. Schließen Sie den Perspektivwechsel ab, indem Sie Ihre Erkenntnisse notieren, und gehen Sie mit dieser inneren Haltung auf Ihre Führungskraft zu, um ein neues, lösungsorientiertes Gespräch zu suchen.

DIGITAL FÜHREN: **Wechseln Sie die Perspektive beim virtuellen Kontakt**

Sowohl beim Arbeiten im Büro als auch beim mobilen Arbeiten auf Distanz kommt es immer wieder zu Missverständnissen im Team. Im gemeinsamen Großraumbüro können Sie Frust durch die Körpersprache oder durch kleine Äußerungen mitbekommen. Beim digitalen Führen können Sie Unmut entweder zwischen den Zeilen der E-Mail lesen oder Sie merken es, wenn Ihre Mitarbeitenden in den Teambesprechungen verbale Spitzen äußern. Oftmals ist nicht gleich eine Konfliktklärung notwendig, sondern erst mal ein vorsichtiges Ansprechen aus der Coach-Rolle hilfreich. Mit einem Perspektivwechsel können Sie in das Gespräch mit der Person, die die verbalen Spitzen abbekommen hat, verständnisvoll einsteigen.

> Ich hatte gestern im Team-Meeting den Eindruck, dass es aus dem Team die eine oder andere spitze Bemerkung gegen dich gab. Wenn ich mich in dich hineinversetze, merke ich, dass mich das ärgern würde. Deshalb möchte ich dich fragen, wie es dir damit geht?

Wenn Sie den Perspektivwechsel so nutzen, können Sie aus der Coach-Rolle auf zurückhaltende und wertschätzende Art und Weise in Kontakt mit Ihren Mitarbeitenden gehen. Auf Ihre Frage hin kann die betroffene Person grundsätzlich in zwei Richtungen reagieren: Ihr Gegenüber versichert Ihnen, dass so weit alles in Ordnung ist und es auf Sie zukommen würde, wenn es Ihre Unterstützung braucht. Also müssen Sie im Moment nicht in die Verantwortung gehen. Oder Sie erfahren nun die Hintergründe, weshalb es aktuell Spannungen zwischen dem Team und der Person gibt. Das bedeutet für Sie, dass Sie aus der Coach-Rolle weiterhin auf Empfang bleiben. Dafür nutzen Sie das Kommunikationswerkzeug Aktives Zuhören – das wird im nächsten Kapitel erklärt.

KOMPAKT: **Perspektivwechsel nutzen**

✓ Indem Sie Ihren Mitarbeitenden Perspektivwechsel anbieten, können diese aus einer gedanklichen Starre herauskommen und Verständnis bzw. Einsicht für andere Sichtweisen entwickeln.

✓ Um einen Perspektivwechsel einzuleiten, beschreiben Sie als Erstes die Situation, in die sich Ihr Gegenüber versetzen soll (z. B. «Stell dir vor, dass …», «Mal angenommen, …»), und schließen dann eine zirkuläre Frage an (z. B. «Wie würde unser Kunde darauf reagieren?» «Wie würdest du an Stelle unseres Bereichsleiters entscheiden?»).

✓ Als digitale Führungskraft können Sie den Perspektivwechsel aus der Coach-Rolle zur sanften Überprüfung einer für Sie irritierenden Situation mit Mitarbeitenden nutzen.

Aktives Zuhören anwenden

Kennen Sie Gesprächssituationen, in denen Sie ein Stichwort hören und Ihnen sofort zahlreiche Gedanken, Ideen und eigene Beispiele durch den Kopf schießen? In diesen Situationen hören Sie assoziativ zu, denn Sie verknüpfen das Gehörte mit Ihren persönlichen Erfahrungen und Einschätzungen. Es erleichtert Ihre Führungsarbeit, wenn Sie zusätzlich zum assoziativen Zuhören das Aktive Zuhören in Ihr Kommunikationsrepertoire aufnehmen. Beim Aktiven Zuhören folgen Sie bewusst dem Redefluss Ihres Gegenübers, nehmen Themen und Anliegen besser auf und entwickeln ein tieferes Verständnis. Indem Sie beim Aktiven Zuhören immer wieder das Gesagte zusammenfassen und Verständnisfragen dazu stellen, entstehen neue Erkenntnisse bei Ihrem Gegenüber und vermutlich auch bei Ihnen. Wenn Sie glaubwürdig aus der Coach-Rolle das Kommunikationswerkzeug Aktives Zuhören anwenden wollen, dann brauchen Sie dafür folgende innere Haltung:

- Sie sind auf «Empfang» (Coach-Rolle), statt auf «Senden» (Verantwortlichen-Rolle) eingestellt.
- Ihre volle Aufmerksamkeit ist auf Ihr Gegenüber gerichtet.
- Sie haben tatsächlich Interesse und Zeit für Ihr Gegenüber und dessen Thema.
- Sie sind innerlich offen für das, was kommt.

Entscheidend beim Aktiven Zuhören ist Ihre Empathiefähigkeit, d. h. wie gut Sie sich in andere Menschen hineinfühlen können und wollen.[28] Im ersten Schritt des Aktiven Zuhörens signalisieren Sie nonverbal und paraverbal, dass Sie sich auf Ihren Gesprächspartner und seine Themen einlassen. Das bedeutet, dass Sie eine entspannte Körperhaltung einnehmen, den Blickkontakt zu Ihrem Gegenüber suchen sowie durch Nicken oder gelegentliche stimmliche Äußerungen (z. B. «Mhh», «Aha») Ihre Aufmerksamkeit unterstreichen.

Im zweiten Schritt werden Sie aktiv, indem Sie sich auch verbal äußern, z. B. durch Paraphrasieren des Gesagten, Aufgreifen von Signalwörtern oder indem Sie vertiefende Verständnisfragen stellen. Durch dieses kommunikative Verhalten zeigen Sie, dass Sie wirklich zuhören und weitere Details erfahren wollen.

Sie können das Aktive Zuhören bei Bedarf mit dem dritten Schritt abrunden: Erfragen Sie von Ihrem Gegenüber die persönliche Einschätzung und Bewertung der Situation. Wenn es für Sie passend erscheint, fragen Sie zusätzlich, wie sich Ihr Gegenüber diesbezüglich fühlt.

Zusammengefasst sehen die drei beschriebenen Schritte folgendermaßen aus:

Schritt 1
- Einsatz von körpersprachlichen Signalen: Körperhaltung, Gestik und Mimik (nonverbal)
- Gelegentliche stimmliche Unterstützung (paraverbal)

Schritt 2
- Zusammenfassen der wesentlichen Elemente (z. B. «Ich habe dich so verstanden, dass ...»)

- Vertiefende Verständnisfragen stellen (z. B. «Was hat sich danach ergeben?»)

Schritt 3
- Erfragen der Einschätzung und Bewertung (z. B. «Wie erlebst du …?» oder «Wie bewertest du …?»)
- Gefühle ansprechen (z. B. «Wie hast du dich in der Situation gefühlt?»)

Während des Aktiven Zuhörens ist die Versuchung groß, die Gesprächsführung wieder an sich zu nehmen, sobald Sie den Eindruck haben, die wesentlichen Elemente verstanden zu haben. Dann wechseln Sie eventuell vorschnell wieder in die Verantwortlichen-Rolle, um Vorschläge zu machen, Entscheidungen zu treffen oder eine Anweisung zu geben. Bevor Sie wechseln, stellen Sie deshalb folgende Frage: «Was müsste ich noch wissen, bevor wir …?» Dadurch geben Sie Ihren Mitarbeitenden die Möglichkeit, fehlende Aspekte zu ergänzen.

IMPULS: **Aktiv Zuhören aus der Coach-Rolle**
Die Qualität und den Nutzen des Aktiven Zuhörens können Sie nachvollziehen, wenn Sie es aus der Coach-Rolle direkt einmal ausprobieren. Nutzen Sie dazu ein Vier-Augen-Gespräch. Stellen Sie sich nach dem Gespräch folgende Reflexionsfragen:

1. Wie gut ist es Ihnen gelungen, die Coach-Rolle bewusst einzunehmen und damit auf Empfang zu schalten?
2. Wie entspannt und trotzdem zugewandt haben Sie Ihre eigene Körpersprache erlebt (zurückgelehnte Körperhaltung, Blickkontakt und stimmliche Unterstützung)?

3. Haben Sie von Zeit zu Zeit inhaltliche Elemente zusammengefasst, d. h. mit Ihren Worten wiedergegeben?
4. Gab es eine Stelle im Gespräch, an der Sie den dritten Schritt des Aktiven Zuhörens genutzt haben und Ihr Gegenüber nach dessen Einschätzung oder Gefühlen zur Thematik befragt haben?
5. Was war für Sie und für Ihren Gesprächspartner am Aktiven Zuhören nützlich? Was war anders als sonst?
6. Wie gut konnten Sie nach einer Phase des Aktiven Zuhörens in die Verantwortlichen-Rolle wechseln und im Gespräch wieder die Führung übernehmen (z. B., indem Sie Vorschläge machen, ein Feedback geben oder das Gespräch gut zu Ende bringen konnten)?

DIGITAL FÜHREN: Zeigen Sie Interesse durch Aktives Zuhören

Beim Führen auf Distanz ist das Aktive Zuhören, insbesondere bei auditiven Kontakten, ein wirksames Kommunikationstool für Sie, um für Nähe, Interesse und Verständnis zu sorgen. Wenn Sie als Aktiv Zuhörende aus einer offenen und fokussierten Haltung zuhören, können Sie Ihrem Gegenüber Wertschätzung signalisieren – Sie nehmen sich die Zeit für einen konzentrierten Austausch. Schauen Sie bei einem Videoanruf hin und wieder direkt in Ihre Kamera, weil sich das für Ihre Mitarbeitenden wie ein echter Blickkontakt anfühlt. Statt zu schweigen, wenn Ihre Mitarbeitenden Ihnen etwas erzählen, können Sie durch gelegentliche stimmliche Äußerungen zeigen, dass Sie gedanklich noch dabei sind. Sobald Sie merken, dass das Gesagte sehr inhaltsdicht oder mit einer gewissen Emotionalität erzählt wird, können Sie es immer wieder mit ruhiger Stimme zusammenfassen. Dadurch ordnen Sie das Gesagte ein und sorgen bei Ihrem Gesprächspartner für Durchblick. Und sollten Sie zweifeln, ob der Sachverhalt für Ihre Mitarbeitenden ein Problem darstellt oder nicht, können Sie den dritten Schritt des Aktiven Zuhörens nutzen und fragen: «Wie schätzt du die Brisanz der Lage ein?» oder «Wie geht es dir mit der Situation?». Dann wissen Sie – auch bei auditiven Kontakten und ohne die Mitarbeitenden vor sich zu sehen –, wie sie die Lage bewerten.

> *KOMPAKT:* **Aktives Zuhören anwenden**
>
> ✓ Aus der Coach-Rolle nutzen Sie das Aktive Zuhören, um mit Ihren Mitarbeitenden unterstützend, fokussiert und zugewandt zu kommunizieren.
> ✓ Aktives Zuhören funktioniert nur, wenn Sie Ihre innere Haltung auf «Empfang» stellen können. Sie brauchen also Zeit und Interesse für Ihr Gegenüber und dessen Thema.
> ✓ Für die Umsetzung des Aktiven Zuhörens nutzen Sie nonverbale und paraverbale Signale (Schritt 1), ergänzen diese durch gelegentliches Zusammenfassen des Gehörten (Schritt 2) und können bei Bedarf auch eine persönliche Einschätzung oder die Gefühle Ihres Gegenübers erfragen (Schritt 3).
> ✓ Beim Führen auf Distanz können Sie durch Aktives Zuhören bei rein auditiven Kontakten präsenter sein und Ihr Interesse am Gesprächspartner glaubwürdiger zeigen.

Sie kennen nun die beiden aktiven Führungsrollen für situatives Führen: Die orientierende Verantwortlichen-Rolle und die unterstützende Coach-Rolle. In Ihrem Führungsverhalten werden Sie zwischen diesen beiden Rollen situativ wechseln und die jeweils passenden Kommunikationswerkzeuge für den Austausch mit Ihren Mitarbeitenden einsetzen. Wie Ihnen dieser Wechsel, oder weiter gedacht, das Zusammenspiel der vier Rollen aus dem *movente*-Führungsmodell im Alltag gut gelingt, können Sie im nächsten Kapitel entdecken.

Zusammenspiel der vier Führungsrollen

In den vorherigen Kapiteln haben Sie erfahren, dass das *movente*-Führungsmodell aus den vier Rollen Persönlichkeit, Experte, Verantwortlicher und Coach besteht. Nachdem Sie jede dieser vier Rollen einzeln reflektiert haben, wissen Sie nun, welchen Mehrwert sie Ihnen für Ihre Führungsarbeit liefern. Außerdem sehen Sie klarer, welche Führungsrollen Sie in der Vergangenheit bereits aktiv genutzt haben und welche bei Ihnen vielleicht bisher zu kurz kamen. Um langfristig die verschiedenen Anforderungen in Ihrem Führungsalltag mit mehr Leichtigkeit und Klarheit zu meistern, benötigen Sie das Zusammenspiel aus allen vier Rollen. Deshalb geht es in diesem Kapitel darum, wie Sie die Führungsrollen aufeinander abgestimmt nutzen sollten. Sie entwickeln dabei Ihr inneres Führungs-Team und Ihren situativen Führungsstil.

Situativ aus der passenden Rolle reagieren

In Ihrem Führungsalltag kommen Mitarbeitende auf Sie zu, weil sie eine Entscheidung oder eine fachliche Reflexion von Ihnen benötigen. Dann werden Sie in Ihren beiden klassischen Führungsrollen – Verantwortlicher und Coach – angesprochen. Aber bestimmt kennen Sie auch Mitarbeitende, die Sie immer wieder gezielt in Ihrer Persönlichkeits- oder Experten-Rolle ansprechen. Dabei geht es oft um Themen wie private Anliegen, persönliche Krisen, fachliche Herausforderungen oder methodische Fragen. Wenn Sie in diesen Situationen ausschließlich aus der Persönlichkeits- oder Experten-Rolle das Gespräch führen, schöpfen Sie nicht Ihr volles Führungspotenzial aus – und auch nicht das Potenzial Ihrer Mitarbeitenden. Deshalb sehen Sie im Folgenden, wie Sie bei persönlichen und fachlichen Themen durch den Einbezug der Verantwortlichen- und Coach-Rolle leichter und klarer führen können.

Aus der Persönlichkeits- in die Coach-Rolle wechseln

Immer wieder kommt es vor, dass sich das Privatleben Ihrer Mitarbeitenden aufgrund einschneidender Erlebnisse (z. B. Erkrankungen, Todesfälle, Trennungen oder Unfälle) schlagartig ändert. Das wirkt sich natürlich auch auf deren

Berufsleben aus. Wenn Ihre Mitarbeitenden in solchen Situationen emotional aufgewühlt auf Sie zukommen, spüren Sie im ersten Moment, dass Ihre Persönlichkeits-Rolle anspringt. Diese Situationen erfordern, dass Sie die bei Ihnen aufkommenden Gefühle wahrnehmen, dann jedoch bewusst in die Coach-Rolle wechseln, um empathisch sein zu können und gleichzeitig Unterstützung zu geben. Denn aus der aktivierten Persönlichkeits-Rolle könnte es schnell passieren, dass Ihre eigene Betroffenheit Sie lähmt und sprachlos macht. Wie das im Führungsalltag ablaufen könnte, zeigt nachstehendes Beispiel.

Stellen Sie sich vor, Sie leiten ein IT-Team, das eine spezielle Sicherheits-Software im Unternehmen einführen soll. Die Umsetzung der technischen Lösung funktioniert seit Monaten nicht so wie geplant, und Ihr Team ist mit der Beratungsleistung des externen Consultants nicht zufrieden. Deshalb setzen Sie einen Videoanruf an, zu dem Sie zwei Ihrer IT-Fachexperten aus dem Team sowie den externen Consultant und dessen Führungskraft einladen. Sie wollen in diesem Gespräch klären, welche nächsten Schritte die beiden Dienstleister Ihnen anbieten können. Sie eröffnen das Gespräch aus der Verantwortlichen-Rolle und nutzen ein konstruktives Feedback, um Ihre Sichtweise zum Status quo des Projekts und der Zusammenarbeit mit dem Consultant zu schildern. Dazu ergänzen Sie die Auswirkungen: die Verzögerungen im Projekt und die Unzufriedenheit Ihres Teams mit der unzureichenden Beratungsleistung. Abschließend fordern Sie das externe Beratungsunternehmen dazu auf, Ihnen Lösungen vorzuschlagen, um das Projekt doch noch zu dem gewünschten Abschluss zu bringen. Die beiden Consultants reagieren nur ausweichend auf Ihre Aufforderung und bieten

Ihnen stattdessen an, einen weiteren Consultant – diesmal einen Senior Consultant – für das Projekt einzukaufen. Für Sie überraschend meldet sich in diesem Moment Ihr langjähriger IT-Mitarbeiter mit wütender Stimme zu Wort, um aus seiner Experten-Sicht Ihre Ausführungen zu bestätigen. Er äußert direkte Kritik, dass mit permanenten Vertröstungen und Verschiebungen das Projekt durch die Consultants gegen die Wand gefahren wird und jetzt auch noch durch die Hintertür eine Zusatzleistung verkauft werden soll. Sie sind perplex, weil sie ihn so emotional nicht kennen, und fragen sich, weshalb er so reagiert. Sie beenden aus der Verantwortlichen-Rolle das virtuelle Meeting und geben den Consultants die orientierende Rückmeldung, dass Sie keinen weiteren Consultant einkaufen werden und von ihnen eine tragfähige Lösung bis Montag erwarten. Nachdem Ihnen die ungewohnt heftige Reaktion Ihres Mitarbeiters nicht aus dem Kopf geht, rufen Sie ihn später direkt an. Eingangs bedanken Sie sich für seine unterstützenden und klaren Worte in dem virtuellen Meeting. Sie schildern ihm dann, dass Sie ihn in solch einer emotionalen Verfassung in den letzten Jahren noch nicht erlebt haben, und fragen ihn deshalb, wie es ihm geht. Es bricht aus ihm heraus, dass seine Frau schwer erkrankt ist und in der kommenden Woche eine größere Operation hat und ein Freund von ihm gestern einen schweren Fahrradunfall hatte. Ihnen geht durch den Kopf: *Oh Gott, das ist eine Nummer größer als die beruflichen Themen, die wir aktuell in unserem Projekt haben. Welchen Ratschlag soll ich ihm jetzt geben, der nicht platt rüberkommt?* Deshalb wechseln Sie bewusst in die Coach-Rolle und entscheiden, erst einmal aktiv zuzuhören, immer wieder zusammenzufassen, was bei Ihnen ankommt, und ihn zu fragen, wie es ihm geht. Nachdem Sie länger aktiv zuhören, kommt von Ihrem Mitarbeiter die Aussage: *Danke, dass du nachgefragt hast und mir einfach zugehört hast. Das hat gut getan.* Diese Reaktion zeigt Ihnen, dass Sie situativ richtig reagiert haben.

Als Führungskraft können Sie auch mit der extremsten Situation konfrontiert werden, wenn z. B. jemand im Umfeld Ihrer Mitarbeitenden oder sogar in Ihrem Team stirbt. Versetzen Sie sich in folgende Situation: Sie sehen am Abend auf Ihrem privaten Handy einen verpassten Anruf von Ihrer Mitarbeiterin. Da sie sich bisher im Feierabend noch nie bei Ihnen gemeldet hat, irritiert Sie der Anruf und Sie entscheiden sich, zurückzurufen. Am Telefon teilt die Mitarbeiterin Ihnen völlig aufgelöst mit, dass ihr Mann am Nachmittag überraschend verstorben ist. Diese Aussage trifft Sie persönlich. Sie merken, dass Sie die tragische Situation überfordert. Ihnen schießen zig Gedanken und Fragen durch den Kopf: *Gott, ist das schrecklich. Wie soll ich am besten reagieren? Was soll ich überhaupt als Erstes sagen? Und was braucht meine Mitarbeiterin jetzt von mir?*

Damit Sie in den folgenden Minuten für Ihre Mitarbeiterin am Telefon eine Unterstützung sein können, sollten Sie in die Coach-Rolle wechseln. Aus dieser mitfühlenden, aber nicht zu emotionalen Haltung können Sie Ihrer Mitarbeiterin aktiv zuhören, um nachzuvollziehen, was passiert ist. Das könnte wie folgt aussehen: «Mhm ... Ohh, plötzlich heute Nachmittag verstorben ... überraschender Herzinfarkt.» So ähnlich könnten Sie durch Aktives Zuhören für längere Zeit nur aufnehmen und wiedergeben, was Ihre Mitarbeiterin Ihnen berichtet. Wenn es passt, können Sie Ihre Mitarbeiterin fragen: «Wie kommst du in der jetzigen Situation klar? ... Was kann ich für dich aktuell tun?» Denn es geht in diesem ersten Telefonat darum, dass Sie als Führungskraft in der Coach-Rolle für Ihre Mitarbeiterin da sind und erfahren, was sie jetzt von Ihnen benötigt.

Wenn Ihre Mitarbeiterin versucht, über die Termine, die in den nächsten Tagen anstehen, zu sprechen, sollten Sie in die Verantwortlichen-Rolle wechseln, um ihr Orientierung zu geben: *«Bitte mach dir keine Gedanken über die Arbeit. Ich werde morgen deine Projekte temporär auf die Kollegen verteilen und mich selbst um die Termine kümmern. Die Arbeit ist jetzt zweitrangig.»*

Aus der Experten- in die Verantwortlichen-Rolle wechseln

Als Führungskraft müssen Sie immer wieder Mitarbeitende an Bord holen und auch von Zeit zu Zeit verabschieden. Abschiede können geplant oder ungeplant sowie temporär oder dauerhaft vonstattengehen:

- Temporär: Elternzeit, Krankheit, Kur oder Sabbatical
- Dauerhaft: Vorruhestand, Renteneintritt, Todesfall oder Kündigung

Jede Art von Abschied löst neben den menschlichen auch fachliche Veränderungen aus: Die Arbeit des ausscheidenden Kollegen oder der Kollegin muss aufgefangen werden. In dieser Situation besteht für Sie als Teamleitung die Gefahr, dass Ihre Experten-Rolle anspringt und Sie versuchen, operative Themen zu übernehmen. Deshalb sollten Sie nicht vorschnell als Lückenfüller aus der Experten-Rolle agieren, sondern aus Ihrer Verantwortlichen-Rolle für sich selbst und Ihr Team für Orientierung sorgen. Das sind organisatorische Lösungen wie

z. B. mit dem Team Prioritäten setzen, Übergangslösungen entwickeln und schnell die Nachfolge regeln. Dann werden Sie Ihrer Führungsaufgabe gerecht und mutieren nicht zum überlasteten Fachexperten. Wie das nachstehende Beispiel zeigt, sind es meist die unvorhergesehenen Abschiede, in denen Sie sehr schnell die Verantwortlichen-Rolle benötigen, um den inneren Druck aus Ihrer Experten-Sicht abzumildern:

Als Geschäftsführerin eines kleinen Planungsbüros haben Sie vor zwei Jahren einen jungen Ingenieur an Bord geholt und in dessen fachliche und methodische Einarbeitung viel Zeit investiert. Sie haben sein Potenzial für die Übernahme von größeren Projekten erkannt, weil er sowohl von wichtigen Kunden als auch im Team fachlich und menschlich geschätzt wird. Deshalb haben Sie für ihn eine Projektleiterstelle geschaffen. Weil Sie bisher nur positive Rückmeldungen zu seinem Wirken als Projektleiter erhalten haben, fühlen Sie sich in Ihrer Entscheidung bestätigt und übertragen ihm ein zusätzliches Großprojekt. Wenige Wochen später verlangt Ihr Projektleiter dringend ein persönliches Gespräch. Weil Sie selbst in einen stressigen Vergabeprozess involviert sind, bitten Sie Ihren Mitarbeiter, sein Thema beim nächsten Jour fixe einzubringen. Er ruft Sie an und drängt mit Nachdruck darauf, dass das Gespräch noch heute stattfindet. Also verlegen Sie einen Termin und treffen sich mit Ihrem Mitarbeiter in Ihrem Büro.

Ihnen fällt als Erstes auf, dass Ihr Projektleiter Ihrem Blick ausweicht und unruhig mit seinen Notizen hantiert – das kennen Sie so nicht von ihm. Ihr Mitarbeiter kommt direkt auf den Punkt und teilt Ihnen mit gepresster Stimme mit, dass er hiermit kündigt. Er sagt, dass seine Entscheidung feststeht, weil er bereits den Vertrag bei einem großen Planungsbüro in der Landeshauptstadt unterschrieben hat. Das trifft Sie absolut unvorbereitet und Sie denken: *Wie sollen wir die Projekte jetzt alle schaffen? Ausgerechnet vor vier Wochen habe ich ihm das Großprojekt anvertraut – wer kann das jetzt übernehmen? Am Ende des Tages bleibt alles an mir hängen!*

Diese Gedanken entspringen Ihrer Experten-Rolle, weil Sie die fachliche Verantwortung gegenüber Ihrem Kunden und die Arbeitslast spüren. Doch es bringt nichts, mit dem Mitarbeiter über Ihren inneren Druck zu sprechen. Stattdessen wechseln Sie in die Verantwortlichen-Rolle, um in einem ersten Feedback zurückzumelden, was die Situation bei Ihnen auslöst und wie Sie weiter vorgehen wollen. Ihr Feedback formulieren Sie wie folgt:

Was? Ich habe verstanden, dass deine Kündigung unumstößlich ist und ich nicht mehr mit dir verhandeln kann, weil du den neuen Vertrag bereits unterschrieben hast.

Wirkung? Ich kann deine plötzliche und endgültige Entscheidung, uns zu verlassen, nicht verstehen, muss sie aber akzeptieren. Die fachlichen Auswirkungen für mich und meine Firma sind gravierend, weil ich dir vor vier Wochen die Verantwortung für das neue Großprojekt übertragen habe und nur du bisher mit dem Kunden gearbeitet hast.

Was folgt? Ich brauche jetzt erst einmal Zeit, um deine Entscheidung zu verarbeiten. Ich bitte dich, dass wir uns Anfang nächster Woche zusammensetzen und deine Projekte gemeinsam durchgehen, um nach Lösungen zu suchen. Ich möchte, dass du dir bis dahin Gedanken machst, wie du uns dabei unterstützen kannst und wer welche Themen von dir übernehmen kann.

Indem Sie aus der Verantwortlichen-Rolle Ihre erste Reaktion als konstruktives Feedback äußern, bleiben Sie professionell und wertschätzend – denn als Geschäftsführerin ist Ihnen wichtig, respektvoll auseinanderzugehen. Indem Sie es in den weiteren Gesprächen schaffen, gemeinsam mit Ihrem ausscheidenden Mitarbeiter tragfähige Lösungen zu entwickeln, werden sich auch Ihre menschliche Enttäuschung in der Persönlichkeits-Rolle und der empfundene Druck in der Experten-Rolle reduzieren.

Aus der Experten- in die Coach-Rolle wechseln

In Ihrem Führungsalltag kommt es immer wieder zu Situationen, in denen selbst erfahrene Mitarbeitende schnell auf Ihr Expertenwissen zugreifen wollen, anstatt eigenständig zu arbeiten. Ihre Mitarbeitenden versuchen damit den leichteren Weg zu gehen, indem sie ihre fachlichen Themen bei Ihnen abladen. Häufig merken Sie dies nicht sofort, da es prinzipiell ein gutes Gefühl auslöst, gebraucht zu werden – vor allem dann, wenn Sie den Anspruch haben, immer der beste Fachexperte zu sein. Wenn Sie jedoch merken, dass Sie über die Maße als Experte in den Themen Ihrer Mitarbeitenden engagiert sind, sollten Sie stärker die Coach-Rolle einnehmen. Aus der Coach-Rolle unterstützen Sie Ihre Mitarbeitenden durch lösungsorientierte Fragen, Reflexion und Aktives Zuhören dabei, ihre eigenen fachlichen Lösungen zu entwickeln. Dadurch geben Sie keine schnellen fachlichen Antworten, sondern lassen die Verantwortung zum eigenständigen Arbeiten bei Ihren Mitarbeitenden.

Situativ führen aus der Verantwortlichen- und Coach-Rolle

Sie führen situativ, wenn Sie den richtigen Mix aus orientierendem und unterstützendem Führungsverhalten zeigen. Das heißt, Sie wechseln zwischen Verantwortlicher- und Coach-Rolle abhängig von der Situation, Aufgabe und Person. Es gibt nicht den einen passenden Führungsstil.[29] Denn Sie führen Menschen, die unterschiedlich ausgeprägte persönliche, soziale, methodische und fachliche Kompetenzen haben. Deshalb ist es notwendig, dass Sie Ihr Führungsverhalten auf Ihre Mitarbeitenden abstimmen, indem Sie deren Entwicklungsgrade für ihre Tätigkeiten einschätzen.

Was mit Entwicklungsgrad gemeint ist, wird schnell klar, wenn Sie sich folgende zwei Mitarbeitenden beispielhaft vorstellen: Auf der einen Seite Ihr neuer Mitarbeiter, der seine erste Stelle bei Ihnen im Team nach seinem Hochschulabschluss antritt – und auf der anderen Seite Ihre langjährige Mitarbeiterin, die bereits verschiedene Tätigkeiten bei Ihnen im Team ausgeübt hat und ihre Arbeit sehr eigenständig erledigt. Der Hochschulabsolvent hat für die erste Zeit in seinem neuen Aufgabenbereich einen Entwicklungsgrad 1, während Ihre erfahrene Mitarbeiterin in ihrem Tätigkeitsbereich komplett eigenständig arbeitet und dementsprechend einen Entwicklungsgrad 4 hat. Wenn Sie die Entwicklungsgrade Ihrer Mitarbeitenden einschätzen, dann sollte Sie dies nicht zum Schubladendenken verleiten, sondern Ihnen vielmehr ermöglichen, Ihre Mitarbeitenden individuell wahrzunehmen und sie durch Ihr situatives Führungsverhalten so zu unterstützen, sich weiterzuentwickeln.

Wie können Sie den situativen Führungsstil umsetzen? Indem Sie die Führungswerkzeuge aus der Verantwortlichen- und Coach-Rolle in unterschiedlicher Intensität bei Ihren Mitarbeitenden anwenden. Am nachstehenden Beispiel des oben bereits genannten Hochschulabsolventen können Sie dessen Entwicklung vom Grad 1 bis 4 im Laufe von vier Jahren nachvollziehen – und erkennen, aufgrund welches situativen Führungsverhaltens sich dieser junge Mitarbeiter weiterentwickeln kann.

Entwicklungsgrad 1: Viel Verantwortlichen- und wenig Coach-Rolle

Ihr neuer Mitarbeiter kommt nach seinem Masterabschluss als Elektroingenieur in Ihr Team. Weil es sein erster Job ist, benötigt er von Ihnen für den Einstieg erst mal Klarheit zum organisatorischen Rahmen (z.B. seine Arbeitsplatzausstattung, IT-Programme, Kantine, Kopierraum). Um seine Unsicherheiten im Team schnell zu reduzieren, planen Sie ein frühes Kennenlernen des gesamten Teams ein und wählen ein motiviertes Teammitglied als fachliche Patin aus. Da der junge Elektroingenieur noch keine Feldkompetenz aus anderen Unternehmen mitbringt, benötigt er für seinen Aufgabenbereich sehr viel Orientierung zu den fachlichen und methodischen Vorgehensweisen. Deshalb wird Ihr Führungsstil in dieser Phase beim situativen Führen als *Unterweisen* bezeichnet. Sie setzen ihn durch die Werkzeuge aus der Verantwortlichen-Rolle um. Das bedeutet, Sie vermitteln kleinteilig und präzise leichte Aufgaben. Dabei formulieren Sie Ihre Erwartung, dass sich Ihr Mitarbeiter an den von Ihnen vorgegebenen Umsetzungsschritten komplett orientiert. Das überprüfen Sie durch engmaschige Soll-Ist-Abgleiche. In dieser ersten Phase nutzen Sie die Coach-Rolle nur ansatzweise, um Ihren neuen Mitarbeiter in Gesprächen durch Aktives Zuhören besser kennenzulernen und dadurch auch besser einschätzen zu können.

Entwicklungsgrad 2: Viel Verantwortlichen- und mehr Coach-Rolle

Nach einigen Wochen stellen Sie fest, dass Ihr neuer Mitarbeiter im Team angekommen ist, weil er sich in der virtuellen Teambesprechung proaktiv mit ersten Fragen beteiligt. Auch die ausgewählte Patin meldet Ihnen positiv zurück, dass sie anhand des Einarbeitungsplans dem neuen Kollegen die ersten Bausteine vermittelt hat. Sie schätzt ein, dass der junge Kollege zu den fachlichen Grundlagen einen guten Überblick hat und es jetzt an der Zeit ist, dass er zwei notwendige IT-Programme in Schulungen fundiert vermittelt bekommt. Erst dann kann er in den laufenden Projekten eigenständiger arbeiten. Deshalb heißt dieser Führungsstil: *Entwickeln und Trainieren*.

Das bedeutet für Sie als Führungskraft, dass Sie weiterhin intensiv die Verantwortlichen-Rolle nutzen. Wenn Sie die ersten kleineren Aufgabenpakete delegieren, tun Sie dies immer noch detailliert und fordern regelmäßige Soll-Ist-Abgleiche ein, um die Umsetzung zu kontrollieren. In diesen Gesprächen geben Sie auch Feedback zur Entwicklung des Mitarbeiters und erklären, welche Schulungen und Maßnahmen aus Ihrer Sicht notwendig sind, um ihn bestmöglich für seine Arbeit fit zu machen. In Ihrem Führungsverhalten taucht nun auch mehr die Coach-Rolle auf, um Ihren neuen Mitarbeiter auch persönlich zu unterstützen. Sie nutzen im Gespräch immer wieder kurze Reflexionsphasen und fragen ihn nach seiner Einschätzung zu Ihren Vorschlägen. Grundsätzlich begleiten Sie und die Patin den neuen Mitarbeiter im Entwicklungsgrad 2 durch mehr persönlichen Austausch, um ihn bei seinen ersten negativen Erfahrungen (z. B. Herausforderungen, Fehler, Rückschläge) zu unterstützen und ihm Orientierung zu geben. Durch diesen intensiven Kontakt beugen Sie vor, dass der neue Elektroingenieur demotiviert wird und sich zurückzieht oder im Extremfall in der Probezeit kündigt.

Entwicklungsgrad 3: Mehr Coach- und weniger Verantwortlichen-Rolle

Vor zwei Monaten fand das Übernahmegespräch mit Ihrem Mitarbeiter zum Ende seiner Probezeit statt. Darin haben Sie ihm Folgendes zurückgemeldet: Sie erleben ihn in den gemeinsamen Abstimmungsgesprächen selbstreflektiert, weil er sein Wissen einbringt und gleichzeitig offen ist für das, was er noch lernen muss. Außerdem konnten Sie ihm zurückmelden, dass Ihr Team ihn sympathisch findet und er sich schnell integriert hat. Besonders gut finden die Kollegen, dass er mittlerweile eigeninitiativ nachfragt. Da sie die Patin in das Übernahmegespräch mit einbezogen haben, kann sie noch die Rückmeldung geben, dass er sich die erforderlichen fachlichen und methodischen Kompetenzen schnell angeeignet hat. Damit hat er ihrer beider Einschätzung nach ein fachliches Niveau erreicht, um in Teilprojekten Verantwortung zu übernehmen.

Deshalb übertragen Sie Ihrem Mitarbeiter jetzt sein erstes eigenes Teilprojekt. Damit wollen Sie ihn zu noch mehr eigenverantwortlichem Handeln ermutigen. Im Entwicklungsgrad 3 heißt der Führungsstil deshalb *Partizipieren und Unterstützen*, den Sie überwiegend aus der Coach-Rolle umsetzen. Die Führungswerkzeuge aus der Verantwortlichen-Rolle nutzen Sie weiterhin, z. B. wenn Sie regelmäßig in der Umsetzungsphase des Teilprojekts Feedback geben.

Im Delegationsgespräch gehen Sie das Teilprojekt grob gemeinsam durch und erfragen seine Einschätzung zu den Umsetzungsschritten. Dafür nutzen Sie aus der Coach-Rolle die Werkzeuge Aktives Zuhören, lösungsorientierte Fragen und Perspektivwechsel. Außerdem vereinbaren Sie mit ihm, dass die Abstimmungstermine in größeren Abständen als bisher stattfinden, er jedoch bei Bedarf (z. B. bei Entscheidungen, Eskalationen, persönlichen Unsicherheiten) auf Sie zukommen soll. Damit übertragen Sie ihrem Jung-Ingenieur mehr Verantwortung und sind gleichzeitig als unterstützender Coach an seiner Seite.

Entwicklungsgrad 4: Viel Coach- und wenig Verantwortlichen-Rolle

Nachdem Ihr Mitarbeiter seit mehr als vier Jahren an Bord ist, merken Sie, dass er eine nächste Herausforderung benötigt, um motiviert zu bleiben. Denn er hat in den vergangenen Jahren bereits viele Teilprojekte erfolgreich und eigenverantwortlich abgewickelt. Aufgrund dessen entscheiden Sie sich, ihm zum ersten Mal die Verantwortung für ein umfangreiches Großprojekt zu übertragen. Deshalb heißt bei Entwicklungsgrad 4 der Führungsstil *Delegieren*. Sie übertragen zusätzlich zur fachlichen Verantwortung auch wesentliche Entscheidungsbefugnisse und die laterale Führung der Projektbeteiligten. Während der Projektlaufzeit sind Sie bei Bedarf als Sparringspartner für Ihren Projektleiter bei persönlichen Anliegen oder fachlichen Fragen aus der Coach-Rolle ansprechbar. Die Verantwortung, auf Sie zuzukommen, liegt komplett bei Ihrem Projektleiter. In den Jour-fixe-Terminen ist er verantwortlich, Sie über den Zwischenstand im Projekt proaktiv zu informieren. In diesen Reflexions-Terminen bestärken Sie ihn aus der Verantwortlichen-Rolle durch positives Feedback. In Konfliktsituationen geben Sie ihm konstruktives Feedback und führen ihn kurzfristig orientierender, indem Sie z. B. notwendige Korrekturen ins Projekt einbringen.

Dieses Beispiel zeigt Ihnen, wie Sie idealtypisch einen motivierten Mitarbeiter führen und entwickeln können. Sie werden aus Ihrem Führungsalltag jedoch vermutlich auch Situationen mit Mitarbeitenden kennen, in denen es anders als geplant läuft. Dazu werden Sie im kommenden Kapitel verschiedene Einblicke erhalten.

Unerwartete Entwicklungsgrade

Besonders in Situationen, in denen der Entwicklungsgrad anders als erwartet ist, ist die Flexibilität des Situativen Führens hilfreich. Damit können Sie sich auf unerwartete Veränderungen einlassen und Ihr Führungsverhalten entsprechend anpassen. Folgende Beispiele beschreiben Situationen, von denen Sie vermutlich schon gehört oder die Sie selbst bereits erlebt haben.

Rückkehr aus der Elternzeit

Ein erfahrener Kollege kehrt nach der Elternzeit auf seine ehemalige Stelle als Rechtssachbearbeiter zurück. Sie kennen den Kollegen als eigenständig, selbstsicher und lösungsorientiert – deshalb sehen Sie ihn im Entwicklungsgrad 4 für seinen Tätigkeitsbereich. Während der Kollege in Elternzeit war, gab es eine Gesetzesnovellierung, die für die gesamte Fallbearbeitung relevant ist, weil sich dadurch nicht nur die Beurteilung der Anträge, sondern auch die Arbeitsabläufe für das gesamte Team stark verändert haben. Darüber haben Sie den zurückgekehrten Mitarbeiter am ersten Arbeitstag detailliert informiert. Die Reaktion von ihm war so souverän, wie Sie es von ihm gewohnt sind.

In den darauffolgenden Wochen fällt Ihnen jedoch auf, dass Ihr Mitarbeiter regelmäßig bei Entscheidungen auf Sie zukommt und sich rückversichert. In den ersten zwei Wochen erscheint Ihnen dieses Verhalten noch normal, jedoch bemerken Sie ab der dritten Woche, dass Sie immer ungehaltener darauf reagieren. Sie fragen sich, was hinter dem Verhalten des Kollegen stecken könnte, und vereinbaren ein persönliches Gespräch mit ihm. Auf Nachfrage äußert Ihr Mitarbeiter, dass er sich aufgrund der geänderten Rechtsgrundlage und durch die längere Abwesenheit noch unsicher fühlt. Deshalb erarbeiten Sie gemeinsam die Lösung, dass er in den nächsten zwei Monaten mit einem Kollegen im Tandem seine Fälle reflektieren und nur bei Spezialfällen auf Sie zukommen wird. Ihnen wird durch das Gespräch klar, dass Ihr Mitarbeiter aufgrund der Veränderungen in den Entwicklungsgrad 3 zurückgegangen ist und er durch unterstützendes Führungsverhalten seine Sicherheit – und damit den Entwicklungsgrad 4 – zurückgewinnen kann.

Stillstand in der Entwicklung

Vor knapp zwei Jahren wechselte eine Kollegin in Ihr Innendienst-Team. Sie war zuvor viele Jahre als gut organisierte Assistenz für einen Geschäftsführer in einem Tochterunternehmen tätig, das dann verkauft wurde. Die Einarbeitung haben Sie gemeinsam mit einem erfahrenen Kollegen gemacht. Als das erste Mitarbeitergespräch nach circa einem Jahr anstand, haben Sie dessen Einschätzung zum Entwicklungsstand eingeholt. Ihre Wahrnehmungen decken sich: Die Kollegin erledigt Routineaufgaben so weit gut, benötigt dafür jedoch immer noch kleinteilige Arbeitsanweisungen und viel Unterstützung bei der Umsetzung. Bei komplizierteren Aufgabenstellungen ist sie überfordert und lässt sich jedes Mal von Kollegen die Arbeitsschritte genauestens erklären. Dadurch wird Ihnen klar, dass die Mitarbeiterin auch nach einem Jahr für alle Tätigkeiten einen Entwicklungsgrad 2 hat. Sie benötigen jedoch aufgrund des hohen Arbeitspensums im Team auf dieser Stelle eine Person, die stärker eigenverantwortlich tätig ist. Deshalb formulieren Sie im Mitarbeitergespräch aus der Verantwortlichen-Rolle die Erwartung, dass die Mitarbeiterin innerhalb der nächsten sechs Monate in ein selbstständiges Arbeiten kommen muss, um das Team zu entlasten. Die Mitarbeiterin versichert, dass Sie diese Entwicklung schafft, wenn sie in den nächsten Wochen noch mal intensiv von dem erfahrenen Kollegen unterstützt wird. Daraufhin delegieren Sie an den besagten Kollegen die Aufgabe, dass er in den nächsten acht Wochen für die Spezialgebiete noch einmal die Arbeitsabläufe in Mini-Trainings mit der Kollegin durchgeht und sie die Arbeitsschritte dabei schriftlich festhält.

Nach weiteren drei Monaten vereinbaren Sie mit der Mitarbeiterin ein erneutes Gespräch, weil Sie von dem Kollegen die Rückmeldung erhalten haben, dass sich im Arbeitsverhalten der Mitarbeiterin bei komplexeren Fällen keine Veränderung eingestellt hat – d. h. sie greift regelmäßig auf ihn zurück und holt sich die Antworten bei ihm. Im ersten Moment sind Sie perplex, dass die intensive Betreuung durch den Kollegen zu keinem Erfolg geführt hat. Sie fragen sich, wieso die Mitarbeiterin sich nicht entwickelt.

Im persönlichen Gespräch nehmen Sie sich die Zeit, um Ihre Wahrnehmung zur fehlenden Entwicklung und deren Auswirkung auf das Team als konstruktives Feedback mitzuteilen. Anschließend fragen Sie, weshalb sie die zugesagte Entwicklung in den letzten anderthalb Jahren aus ihrer Sicht nicht umsetzen konnte. Nachdem die Mitarbeiterin eine Zeitlang versucht, sich zu rechtfertigen, gesteht sie ein, dass ihr die Innendienstarbeit wenig Spaß macht und sie die Assistenztätigkeit vermisst. Ihnen wird dadurch klar, dass Ihre Mitarbeiterin sich nicht weiterentwickeln will und deshalb für die Innendiensttätigkeit auch nicht den Entwicklungsgrad 3 erreichen wird. Daraufhin fragen Sie Ihre Mitarbeiterin, ob sie mittelfristig wieder in eine Assistenzstelle wechseln möchte, was diese sofort bejaht. Sie ermutigen die Mitarbeiterin, sich proaktiv im Unternehmen auf Assistenzstellen zu bewerben und bis dahin noch bestmöglich ihre Arbeit auszuführen, um damit das Team zu unterstützen. Sie wissen nun, dass Sie sich nach einem Ersatz umschauen sollten, und aktivieren Ihr internes und externes Netzwerk.

Wechsel von der Mitarbeiter- in die Führungsfunktion
Stellen Sie sich vor, Sie führen als Abteilungsleitung vier Teamleitungen. Davon ist eine Teamleiterin kürzlich aus dem Team in die Führungsposition aufgestiegen, während die anderen drei Teamleitungen bereits seit Jahren ihre Position innehaben und situativ gut führen.

Der Aufstieg in die Führungsposition hat den Arbeitsalltag der neuen Teamleiterin stark verändert: Als Fachexpertin hat sie komplett eigenständig gearbeitet (Entwicklungsgrad 4), wohingegen sie mit Blick auf ihre Führungstätigkeit zu Beginn den Entwicklungsgrad 1 hat. Das bedeutet für Sie als direkte Führungskraft, dass Sie aus der Verantwortlichen-Rolle viel Orientierung geben müssen. Deshalb verwenden Sie Ihr bewährtes Einarbeitungskonzept für Führungskräfte, das Sie im wöchentlichen Jour fixe Stück für Stück mit ihr besprechen. Sie teilen ihr mit, dass es Ihnen wichtig ist, die Mitarbeitenden individuell zu sehen und dementsprechend situativ zu führen. Deshalb erläutern Sie ihr anhand der beiden zentralen Führungsrollen Verantwortlicher und Coach, wie sie die Werkzeuge für die Umsetzung des situativen Führungsstils nutzen soll. Ihnen ist dabei bewusst, dass sie diese Führungskultur jahrelang aus Mitarbeiterinnen-Perspektive in ihrem Team bereits erlebt hat. Das erleichtert Ihnen, mit der neuen Teamleiterin z. B. die digitale und analoge Informations- und Besprechungskultur für ihr Team zu überarbeiten.

Nach nur zwei Monaten ist die Teamleiterin aus Ihrer Sicht in ihrer Führungstätigkeit im Entwicklungsgrad 2 angekommen. In dieser Phase nehmen Sie sich die Zeit, um ihr verschiedene Führungssituationen und -aufgaben konkret zu erklären, z. B. den Umgang mit Konflikten in Teambesprechungen oder die Vorbereitung von Delegationsgesprächen. Zusätzlich nimmt die Teamleiterin an dem modularen Seminar «Neu in der Führung» teil, um dort ihr Führungsverhalten zu reflektieren und zu trainieren.

Nach dem ersten Modul der Weiterbildung setzen Sie sich einen Erinnerungstermin, um in einem persönlichen Austausch mit der Teamleiterin über deren Erkenntnisse und Umsetzungsvorhaben zu sprechen – Sie machen einen Soll-Ist-Abgleich zu ihrer Führungskompetenz. Dabei nennt die Teamleiterin ein für sie wichtiges Umsetzungsvorhaben: die anstehenden Mitarbeitergespräche durchzuführen. Sie kennt bereits aus der Mitarbeiter-Perspektive den Gesprächsablauf, weiß aber nicht, welche Vorbereitungen aus Führungssicht dafür notwendig sind. Sie planen deshalb für den nächsten Jour fixe Zeit ein, um detailliert das Gesamtpaket «Mitarbeitergespräch» in einem Delegationsgespräch mit ihr durchzugehen.

Zwei Wochen vor dem ersten Mitarbeitergespräch gehen Sie mit der Teamleiterin deren vorbereitete Unterlagen (u. a. Gesprächsaufbau, Feedback-Inhalte, Ziele) durch. Sie nehmen bewusst die Coach-Rolle ein und hören erst einmal aktiv zu. Dabei wird Ihnen bewusst, wie reflektiert und fundiert Ihre Teamleiterin sich in die Thematik eingearbeitet hat. Damit ist sie aus Ihrer Sicht in ihrer Führungstätigkeit im Entwicklungsgrad 3 angekommen. Diesen Eindruck melden Sie ihr am Ende mit einem positiven Feedback zurück und bestärken sie dadurch in Ihrem Führungsverhalten. Ihnen ist bewusst, dass Sie als unterstützender Sparringspartner Ihre Teamleiterin noch einige Zeit aktiv begleiten werden. Gleichzeitig gehen Sie davon aus, dass Ihre Teamleiterin aufgrund der bisher gezeigten Entwicklung im Laufe des nächsten Jahres den Entwicklungsgrad 4 erreichen wird.

Mit diesem Kapitel haben Sie Einblick erhalten, wie Sie gegenüber Ihren Mitarbeitenden die Führungsrollen situativ passend anwenden und wechseln können. Um die vier Rollen Persönlichkeit, Experte, Verantwortlicher und Coach auch für Ihre Selbstführung gut nutzen zu können, erfahren Sie im nächsten Kapitel, welche Möglichkeit Ihnen das *movente*-Führungsmodell dafür bietet. Außerdem können Sie anhand der Situation «Mitarbeitergespräch» Schritt für Schritt die vier Rollen reflektieren und dabei erleben, welche Wirkung auch hier ein Selbstcoaching entfalten kann.

Selbstcoaching mit dem *movente*-Führungsmodell

Der vollgepackte Führungsalltag drängt Sie vermutlich immer wieder in einen reaktiven Modus, damit Sie die Vielzahl an Terminen und Themen mit Ihren Mitarbeitenden, Ihrer Führungskraft und Schnittstellen bewältigen können. Wenn Sie merken, dass Sie keine Zeit mehr zum Nachdenken haben und Entscheidungen nur noch unter Druck treffen, lohnt es sich, innezuhalten und durch ein strukturiertes Selbstcoaching wieder Durchblick zu bekommen. Falls Sie jetzt denken «Dafür habe ich keine Zeit», dann ist das ein Zeichen, dass Sie die Reflexionseinheit dringend benötigen.

Indem Sie sich anhand des *movente*-Führungsmodells reflektieren, können Sie gedanklich einen Schritt zur Seite treten und Ihre aktuelle Situation mit mehr Abstand betrachten. Dadurch sehen Sie schnell klarer, wo Sie mit Veränderungen ansetzen können, und bleiben handlungsfähig.

Boxenstopp: Gewinnen Sie durch Einblick wieder Durchblick

Wenn Sie sich Boxenstopp-Termine einplanen, nehmen Sie bewusst Geschwindigkeit aus Ihrem Führungsalltag heraus, indem Sie für 10-15 Minuten Ihre aktuelle Situation und Ihr Führungsverhalten reflektieren. Sie schauen dabei in vierfacher Hinsicht genauer hin: Um sich als Persönlichkeit, Experte, Verantwortlicher und Coach zu überprüfen und Ihre Energie wieder zu fokussieren. Sie coachen sich selbst, indem Sie sich auf die nachstehenden Fragen ehrliche Antworten geben. Dadurch erkennen Sie, welche Bedürfnisse, Interessen und Erwartungen Sie aus der jeweiligen Führungsrolle haben. Mit diesen Erkenntnissen können Sie Entscheidungen treffen, Prioritäten neu setzen, Prozesse verändern oder sich Unterstützung holen.

Schauen Sie auf Ihre Persönlichkeit

Steigen Sie in die Reflexion ein, indem Sie als Erstes bewusst Ihre körperliche und mentale Verfassung wahrnehmen: Denn wie es Ihnen persönlich geht, prägt Ihr Führungsverhalten. Je nachdem, wie Ihr Energie- und Stimmungslevel ist, kommunizieren Sie in einem Spannungsbogen von leichtgängig, souverän und humorvoll bis hin zu beherrscht, angestrengt und genervt. Durch die nachstehenden Reflexionsfragen trainieren Sie, Ihre Verfassung schneller einzuschätzen.

- Wie geht es Ihnen aktuell persönlich?
- Auf wie viel Prozent schätzen Sie Ihren Energie-Akku im Moment ein (0 % – 100 %)?
- Sollte Ihr Energielevel gefühlt unter 50 % sein, dann fragen Sie sich Folgendes:
  - Was nimmt Ihnen aktuell Energie?
  - Wie lange dauert dieser Niedrig-Energie-Zustand schon an?
  - Was können Sie tun, um wieder Energie zu tanken?

Wenn Sie in einem angeschlagenen körperlichen und/oder mentalen Zustand sind, sollten Sie Verantwortung für sich übernehmen und handeln – führen Sie sich selbst. Das kann bedeuten, dass Sie einen wichtigen Termin verschieben oder delegieren. Sie machen das aus drei Gründen:

- **Selbstschutz:** Nehmen Sie körperliche Warnsignale wahr und akzeptieren Sie Ihre Belastungsgrenzen, um langfristig als gesunde Führungskraft arbeiten zu können. Sie brauchen Ihre Energieressourcen für sich und Ihre Mitarbeitenden.
- **Qualitätsanspruch:** Wenn Sie für Meetings verantwortlich sind, benötigen die Anwesenden Sie in einer guten Verfassung, damit Sie Ergebnisse und Entscheidungen herbeiführen können. Je weniger konzentriert und engagiert Sie moderieren, desto schneller sinken Qualität und Motivation.
- **Vorbildfunktion:** Ihre Mitarbeitenden nehmen wahr, wie Sie sich verhalten und wie Sie mit Ihren persönlichen Ressourcen umgehen. Übernehmen Sie Verantwortung für Ihre Gesundheit: Sie sind auch in dieser Hinsicht Vorbild für Ihre Mitarbeitenden.

Um Ihren Energie-Akku immer wieder aufzutanken, brauchen Sie zwei Formen von Auszeiten: die kleinen Pausen und Erholungsphasen im Alltag (z. B. ausgewogene Ernährung, Spaziergänge, Sport, Meditation, soziale Kontakte) und auch die über das Jahr verteilten längeren Urlaubszeiten. Wenn Sie häufiger feststellen, dass Ihre körperliche und mentale Verfassung schlecht ist, kann es sein, dass Sie in einer belastenden Lebensphase sind und zur Bewältigung externe Unterstützung benötigen.

Nehmen Sie Ihre Experten-Themen in den Blick

Bei der Vielzahl an fachlichen Projekten und Themen, die Sie als Führungskraft aus Ihrer Experten-Rolle im Blick haben müssen, hilft Ihnen das Selbstcoaching, dass nichts untergeht oder anbrennt. Durch die Reflexion der Experten-Rolle anhand der nachstehenden Fragen wird Ihnen klar, welche Themen Sie neu priorisieren und welche Sie abgeben müssen:

- Welche Themen beschäftigen Sie aktuell in Ihrer Experten-Rolle?
- Bei welchen Projekten und Themen treten vermehrt Störungen und Fehler auf?
- Bei welchen fachlichen Themen stecken Sie zu tief drin? Und an wen können Sie delegieren?
- Welche Aufgaben sind untergegangen und sollten von Ihnen wieder auf die Agenda gesetzt werden?
- Welche Themen von Ihrer Führungskraft liegen aktuell auf Ihrem Tisch? Können Sie diese alleine bearbeiten, oder von wem benötigen Sie Zuarbeit?

Um Ihre Gedanken zu sortieren und zu sichern, sollten Sie Ihre Erkenntnisse aus der Reflexion gleich digital erfassen, z. B. in einem gemeinsamen OneNote-Buch mit Ihrem Team. Daraus ergeben sich To-dos, die Sie dann für die nächste Teambesprechung im Blick haben und mit Ihren Mitarbeitenden besprechen können.

Reflektieren Sie Ihre Verantwortung

Im Führungsalltag wird das Erreichte meist schnell abgehakt und dann nach vorne geschaut, um die anstehenden Termine vorzudenken und die kommenden Themen gut zu bewältigen. Während Sie eine Retrospektive zu Ihrer Verantwortlichen-Rolle vornehmen, werden Sie sich bewusst, was Sie mit Ihrem Team erreicht haben. Dadurch erleben Sie sich als selbstwirksame Führungskraft. Indem Sie auch kritische Situationen analysieren, können Sie Ihr Führungsverhalten weiterentwickeln.

- Was waren aus Führungsperspektive Ihre Highlights und Lowlights der vergangenen Wochen?
- Welche Erkenntnisse leiten Sie aus den Highlights und Lowlights ab? Was wollen Sie aufgrund dessen in Ihrem Führungsverhalten beibehalten? Und was verändern?
- Welche Mitarbeitenden möchten Sie künftig aus der Verantwortlichen-Rolle orientierender führen? Und wem können Sie durch Delegation von Aufgaben etwas abgeben?
- Für was haben Sie Verantwortung übernommen, obwohl Sie eigentlich gar nicht zuständig sind? Und wie gehen Sie vor, um diese wieder abzugeben?

Um auf Dauer als Führungsverantwortlicher motiviert zu bleiben, müssen Sie sich immer wieder vor Augen führen, was Sie gut gemacht haben – Sie stärken sich dadurch selbst. Leiten Sie daraus auch Beispiele ab, die Sie im Jour fixe mit Ihrer Führungskraft als Highlights nennen können. Nur dann bekommt Ihre Führungskraft mit, welche Erfolge es in Ihrem Verantwortungsbereich gibt. Denn über die kritischen Situationen (Lowlights) sprechen Sie meist automatisch sowohl mit Ihrer Führungskraft als auch mit Ihrem Team, weil Sie dafür gemeinsam Lösungen entwickeln müssen.

Nutzen Sie die Coach-Rolle

Machen Sie sich immer wieder bewusst, welche Kraft beim Führen die Coach-Rolle mit sich bringt. Je voller Ihr Arbeitstag ist, desto schneller entsteht das Gefühl, keine Zeit für Führungswerkzeuge wie Aktives Zuhören, Reflexion, Perspektivwechsel oder lösungsorientierte Fragen zu haben. Der scheinbare Zeitgewinn durch eine schnelle Entscheidung aus der Verantwortlichen-Rolle holt Sie allerdings oft ein, wenn in der Umsetzung Missverständnisse oder Unstimmigkeiten auftauchen. Das führt zu erneutem Klärungsbedarf, was meist viel mehr Zeit kostet, als wenn Sie sich in der ursprünglichen Besprechung die Zeit für die Coach-Rolle genommen hätten. Finden Sie mit den folgenden Fragen heraus, wie gut Sie die Coach-Rolle bereits nutzen:

- Wie häufig haben Sie sich in den letzten Wochen in Gesprächssituationen mit Ihren Mitarbeitenden bewusst zurückgenommen?
- In welcher Situation haben Sie dadurch, dass Sie die

Coach-Rolle für eine gewisse Gesprächsphase eingenommen haben, Erkenntnisse gewonnen?
- In welchen Situationen wäre es besser gewesen, wenn Sie aus der Coach-Rolle erst einmal aktiv zugehört oder öffnende Fragen gestellt hätten?
- Bei welchen Mitarbeitenden lassen Sie sich zu schnell auf Antworten aus der Experten- oder Verantwortlichen-Rolle ein und möchten künftig mehr aus der Coach-Rolle agieren?

Da die Coach-Rolle im hektischen Führungsalltag schnell vergessen wird, lohnt es sich, den Mehrwert dieser Haltung immer wieder zu reflektieren. Durch das Selbstcoaching wird Ihnen bewusst, für welche Situationen die unterstützende Coach-Rolle passend ist.

Sie haben nun erarbeitet, wie Sie das *movente*-Führungsmodell für kleine Selbstcoaching-Einheiten anwenden können. Indem Sie regelmäßig Boxenstopps mit sich selbst einlegen, wird es für Sie zur Routine, sich selbst zu reflektieren. Dadurch haben Sie auch für stressige Situationen eine Methode, um sich strukturiert wieder den notwendigen Durchblick zu verschaffen.

Mitarbeitergespräch: Aktivieren Sie in jeder Phase die richtigen Führungsrollen

Für viele Führungskräfte sind Mitarbeitergespräche mit einem gewissen Stress verbunden, weil meist unausgesprochene Erwartungen von ihren Mitarbeitenden und ihnen selbst im Raum stehen. Mit diesen Erwartungen professionell und empathisch umzugehen, fordert jede Führungskraft in allen vier Führungsrollen. Deshalb erfahren Sie nachstehend, wie Sie Ihr nächstes Mitarbeitergespräch erfolgreich gestalten können.

Als Führungskraft können Sie Mitarbeitergespräche nutzen, um im persönlichen Kontakt ein vertrauensvolles Gespräch zu führen. Das ist auch immer eine Chance, die Beziehungsebene zu stärken. Sie sind verantwortlich dafür, Themen und Anlässe zu identifizieren, die ein Vieraugengespräch erfordern. Das können sein:
- Eintritt und Austritt
- Rückkehr nach längerer Abwesenheit
- Fachliche und persönliche Entwicklung
- Veränderungen in der Organisation
- Disziplinarische Themen
- Jahresgespräch: Leistungsbeurteilung, Zielvereinbarung und Feedback

Im Mitarbeitergespräch haben Sie als Führungskraft vorrangig den Sachinhalt und die Zielsetzung im Blick. Gleichzeitig ist es wichtig, dass Sie Schwingungen auf der Beziehungsebene wahrnehmen. Denn Mitarbeitergespräche werden dann herausfordernd, wenn Emotionen auf der Beziehungsebene vorhanden sind – zum Beispiel Ärger, der sich in frustriertem Verhalten zeigt. Die nachfolgende Situation aus dem Führungsalltag macht deutlich: Was passiert, wenn sich bei einem Mitarbeiter Frustration aufbaut? Und was passiert, wenn das von der Führungskraft weder im Alltag noch im Mitarbeitergespräch erkannt wird?

Situationsbeschreibung: Jährliches Entwicklungsgespräch
Das Jahresgespräch besteht je nach Firmenkultur aus verschiedenen Komponenten. In der beschriebenen Situation handelt es sich um ein fachliches und persönliches Entwicklungsgespräch.

Stellen Sie sich vor, eine junge Führungskraft hat eine neue Aufgabe an einen langjährigen Kundenberater delegiert. Beim Delegieren empfiehlt die Führungskraft die Umsetzung mit dem IT-Programm Excel, weil es für sie auch im Sachbearbeitungsbereich zur selbstverständlichen IT-Kompetenz dazugehört. Die Führungskraft selbst ist extrem fit in sämtlichen IT-Anwendungen. Deshalb zeigt sie ihrem Mitarbeiter, der bisher als Kundenberater keine Vorkenntnisse in Excel hat, die wesentlichen Schritte für diesen Arbeitsauftrag. Zu Ihrem Erstaunen legt der Mitarbeiter wenige Tage später die Ausarbeitung in SAP vor. Die Führungskraft nimmt diesen Lösungsweg mit dem IT-Tool SAP erst einmal zur Kenntnis. Sie beschließt, dass der Mitarbeiter offenbar dringend eine professionelle Excel-Schulung benötigt – insbesondere, da er bereits vor kurzem kritisiert hat, seit Jahren keine Fortbildungsangebote erhalten zu haben.

Die Führungskraft kennt den Mitarbeiter noch nicht

lange, weil sie erst vor einigen Monaten die Führungsposition in der Filiale übernommen hat. Bei der Vorbereitung für das Entwicklungsgespräch denkt sie sich: *Ach prima, er will eine Weiterbildung und beherrscht Excel noch nicht, dann ist eine Excel-Schulung doch ideal.*

Vier Wochen später findet das jährliche Entwicklungsgespräch mit dem Kundenberater statt. Schon nach wenigen Minuten schlägt die Führungskraft eine Excel-Schulung mit der Begründung vor, dass der Mitarbeiter so seine IT-Methodenkompetenz ausbauen kann. Daraufhin reagiert der Kundenberater reserviert. Das erstaunt die Führungskraft – ist sie doch selbst begeistert von ihrem konkreten Vorschlag. Deshalb fragt sie konfrontierend nach:

Führungskraft: «*Ich sehe wenig Begeisterung bei Ihnen für mein Angebot. Sie wollten doch schon lange eine Weiterbildung machen, da ist doch jetzt der Excel-Kurs genau das Richtige für Sie, oder?*» Mitarbeiter: «*Ja, wenn Sie meinen, dann mache ich das ...*» Dann setzt er etwas leiser nach: «*Eigentlich wäre auch was für den Umgang mit schwierigen Kunden ganz gut ...*»

Führungskraft: «*Freut mich, dass Sie den Excel-Kurs auch sinnvoll finden. Und über Ihr Thema mit den schwierigen Kunden können wir ja im nächsten Jahr noch mal reden.*»

Für die Führungskraft ist klar, das passende Schulungsangebot gefunden zu haben. Sie kann ein wichtiges Ziel des Entwicklungsgesprächs abhaken. Im weiteren Gesprächsverlauf irritiert sie zwar das abweisende Verhalten des Mitarbeiters – doch weil die Führungskraft das sich selbst gesetzte Ziel erreicht hat, denkt sie nicht weiter darüber nach.

Wenige Tage später erfährt die Führungskraft über den Flurfunk, dass ihr Mitarbeiter sich im Kollegenkreis frustriert über die unnötige und übergestülpte Excel-Schulung äußert.

Als sie davon hört, ist sie verärgert und fragt sich: Warum sagt mein Mitarbeiter mir das nicht selbst im Gespräch? Was ist in unserem Mitarbeitergespräch schiefgelaufen? Was hätte ich anders machen können?

Bei der Beantwortung dieser Fragen hilft das *movente*-Führungsmodell. Indem Sie im Selbstcoaching alle vier Rollen reflektieren, umgehen Sie Fallstricke wie die im obigen Beispiel:

- Die Vorgeschichte vorschnell zu interpretieren – bereiten Sie sich deshalb ganzheitlich mit der Experten- und Persönlichkeits-Rolle vor.
- Im Gespräch emotionale Reaktionen zu übergehen – nutzen Sie das Wechselspiel aus Verantwortlicher- und Coach-Rolle.
- Sich den Nachwirkungen ausgeliefert zu fühlen – erkennen Sie die Chancen eines Soll-Ist-Abgleichs aus der Verantwortlichen-Rolle.

Reflektieren Sie die Persönlichkeits- und Experten-Rollen

Ganzheitliche Vorbereitung bedeutet, dass Sie zunächst Ihre eigenen Erwartungen aus der Persönlichkeits- und Experten-Rolle identifizieren. Dann sollten Sie einen Perspektivwechsel vornehmen, um die möglichen Erwartungen von Mitarbeitenden ebenfalls zu reflektieren. Denn diese sind nicht nur Experten, sondern bringen gleichzeitig ihre individuelle Persönlichkeit ein. Für Ihre Mitarbeitenden sind Entwicklungsangebote dann attraktiv, wenn sie sowohl bei der jeweiligen Experten-Rolle (Kompetenzen) als auch bei der Persönlichkeit (Motivation) andocken. Deshalb müssen Sie als

Führungskraft nicht nur die Kompetenzen, sondern auch die Motivation Ihrer Mitarbeitenden analysieren oder erfragen, um ein passgenaues Entwicklungsangebot vorzuschlagen.

Persönlichkeits-Rolle: Welches Entwicklungsangebot ist motivierend?

Fangen Sie erst einmal bei sich selbst an: Was motiviert Sie in Ihrem Arbeitsalltag? Motiviert sind Sie dann, wenn Faktoren wie Ihre Interessen, Bedürfnisse und Werte von Ihrem Arbeitsumfeld erfüllt werden (siehe S. 53). Wenn Sie die Faktoren für Ihre Motivation gut kennen, können Sie diese auch bei Ihren Mitarbeitenden entdecken oder erfragen. Dadurch tappen Sie nicht in die Falle, von Ihren motivierenden Faktoren auf die Ihrer Mitarbeitenden zu schließen.

Für die Einschätzung der Persönlichkeit von Mitarbeitenden spielt es eine Rolle, wie lange und intensiv sie bereits zusammenarbeiten. Je länger Sie miteinander arbeiten, desto größer ist die Chance, dass Sie bewusst oder unterbewusst schon einiges über die jeweilige Persönlichkeit wissen. Machen Sie sich diese Einschätzung vor dem Mitarbeitergespräch zunutze, damit Sie Ihr Entwicklungsangebot entsprechend abstimmen können. Stellen Sie sich deshalb vor dem Gespräch folgende Fragen:

- Wofür kann sich Ihr Mitarbeiter im Arbeitsalltag begeistern?
- Welche Tätigkeiten/Aufgaben versucht er zu vermeiden?
- Bei welchen Themen erleben Sie ihn interessiert?
- Bei welchen Tätigkeiten fragt er nach Unterstützung?
- In welchen Situationen erleben Sie ihn unsicher?

Die Antworten bringen Sie auf die Spur, welche Entwicklungsangebote wahrscheinlich auf Akzeptanz stoßen werden. Ihre Überlegungen sind die Informationsbasis, um später im Dialog mehr über die tatsächliche Motivation Ihrer Mitarbeitenden zu erfahren. Dies ist umso wichtiger, je weniger gemeinsame berufliche Erfahrungen Sie bisher gemacht haben. Dann sollten Sie dem jeweiligen Teammitglied die obigen Fragen im Gespräch direkt stellen.

Experten-Rolle: Welche neue Kompetenz ist erforderlich?
Nutzen Sie in der Vorbereitung die Stellenbeschreibung, damit Sie sich nicht vorschnell auf eine vermeintliche Kompetenzlücke bei Mitarbeitenden stürzen. Denn die Stellenbeschreibung beinhaltet die Anforderungen an die Expertenrolle. Dadurch können Sie im ersten Schritt einen Soll-Ist-Abgleich zwischen den erforderlichen Kompetenzen (Soll) und dem Kompetenzprofil (Ist) machen (siehe S. 70). Im zweiten Schritt können Sie definieren, welche zusätzlichen Kompetenzen von Ihren Mitarbeitenden erworben werden sollen – das ist der erforderliche Entwicklungsbedarf. Ergänzend unterstützen Sie die nachstehenden Fragen, damit Sie sich sowohl die jeweiligen Stärken als auch die notwendigen Entwicklungen für jeden Mitarbeitenden bewusst machen:

- Welche Methoden-Kompetenzen nehme ich wahr?
- Welche fachlichen Kompetenzen sind gut ausgeprägt?
- Wo sehe ich aufgrund der beruflichen Erfordernisse Entwicklungsbedarf?
- Welche Weiterbildungen kommen aus Ihrer Sicht in Frage?

Reflektieren Sie Ihre Experten-Rolle: Welche Methoden-Kompetenz ist für mich wichtig? Überlegen Sie dann, welche Anforderungen Sie deshalb an Ihre Mitarbeitenden stellen. Sind es Kompetenzen, die im jeweiligen Arbeitsalltag benötigt werden – oder wären sie nur aus Ihrer Sicht wünschenswert? Zusätzlich sollten Sie bereits im Vorfeld die Perspektive Ihres Mitarbeiters bzw. Ihrer Mitarbeiterin einnehmen und sich fragen: Wie sinnvoll schätzt die Person den Kompetenzerwerb für ihre Tätigkeit ein? Und wie stark spricht das Förderangebot sie in ihrer individuellen Persönlichkeit an? Denn nur, wenn die betreffende Person es wirklich will, ist ein erfolgreicher Kompetenzerwerb möglich.

Führen Sie das Gespräch im Wechselspiel aus der Verantwortlichen- und Coach-Rolle

Beginnen Sie das Mitarbeitergespräch aus der Verantwortlichen-Rolle. Indem Sie Verantwortung für den Gesprächseinstieg übernehmen, schaffen Sie den Rahmen und geben damit eine erste Orientierung. Nach einem kleinen Smalltalk zum Einstieg skizzieren Sie die Ziele und Inhaltsschwerpunkte des Entwicklungsgesprächs. So holen Sie Ihr Gegenüber persönlich und inhaltlich ab.

Gehen Sie dann in die Coach-Rolle und fragen Sie öffnend, welche Themen und Ziele Ihre Mitarbeitenden für das Gespräch mitbringen. Hören Sie wirklich hin und nutzen dann das Aktive Zuhören, um das Gehörte mit Ihren Worten zusammenzufassen (siehe S. 158). Sollte sich Ihr Gegenüber unklar oder mehrdeutig ausdrücken, können Sie durch Aktives Zuhören eine Verständnisfrage stellen.

Wechseln Sie dann zurück in die Verantwortlichen-Rolle, um zu überprüfen, ob die Erwartungen thematisch in das Entwicklungsgespräch passen. Falls ja, setzen Sie diese auf die Agenda, falls nein, grenzen Sie sich ab. Geben Sie hierzu Rückmeldung, in welchem Kontext diese Punkte besprochen werden können (Jour fixe, Gehaltsverhandlung oder Leistungsbeurteilung etc.) und vereinbaren Sie einen weiteren Termin dafür.

Wie Sie anhand der Einstiegsphase beispielhaft sehen, ist der Wechsel zwischen Verantwortlichem und Coach im Mitarbeitergespräch fließend. Dadurch können Sie die Vorteile beider Rollen gut nutzen: Ihr Gegenüber erlebt Sie in einem führenden und folgenden Verhalten. Aus beiden Rollen ergeben sich nachstehende thematische und kommunikationspsychologische Schwerpunkte.

Lenken Sie das Gespräch aus der Verantwortlichen-Rolle
Wenn Sie als Verantwortlicher die Gesprächsführung übernehmen, erlebt Sie Ihr Gegenüber als klar und zielorientiert.

Aus der Verantwortlichen-Rolle geben Sie Orientierung, indem Sie:

- Für eine störungsfreie Umgebung und eine für Sie und Ihr Gegenüber passende Sitzordnung sorgen – für ein Gespräch auf Augenhöhe.
- Die Mitarbeitenden begrüßen und durch ein kleines Gespräch zum Einstieg abholen.
- Den Umfang, Anlass und die Ziele zu Beginn nennen.
- Das Gespräch abschließen und Ihr Gegenüber verabschieden.

Aus der Verantwortlichen-Rolle lenken Sie das Gespräch, indem Sie:

- Ihre konkreten Ziele und Erwartungen für die Entwicklung der oder des Mitarbeitenden kommunizieren.
- Ihr Gegenüber inhaltlich zurückholen, wenn es abschweift.
- Positives und konstruktives Feedback geben.
- Entwicklungsziele aus Ihrer Führungsperspektive mit der Sichtweise Ihres Gegenübers abgleichen.
- Gemeinsam erarbeitete Ergebnisse sichern.
- Die nächsten Schritte nach dem Mitarbeitergespräch festlegen.

Nutzen Sie die Coach-Rolle, um Ihre Mitarbeitenden am Gespräch zu beteiligen

Wenn Sie während des Gesprächs regelmäßig in die Coach-Rolle wechseln, nehmen Sie sich dadurch automatisch ein Stück weit zurück. Das ist insbesondere dann notwendig, wenn Mitarbeitende sich aufgrund ihrer Persönlichkeit oder des Hierarchiegefälles nicht trauen, eigene Vorschläge und Wünsche ins Gespräch einzubringen. Diese Zurückhaltung wirkt auf Führungskräfte häufig wie eine Einladung, die komplette Verantwortung für das Gespräch zu übernehmen – und sie kommen dadurch in einen Redefluss. Sollten Sie das bei Ihnen selbst im Gespräch bemerken, ist spätestens dann der Zeitpunkt, in die Coach-Rolle zu wechseln. Sie geben dadurch ein Stück der Verantwortung ab, damit auch die Vorschläge und Wünsche Ihrer Mitarbeitenden in die Lösungsfindung einfließen können. Wie Sie die Coach-Haltung kommunikativ umsetzen können, zeigen nachstehende Vorschläge.

Aus der Coach-Rolle können Sie:
- Die Erwartungen und Interessen Ihrer Mitarbeitenden herausfinden.
- Öffnende W-Fragen stellen, um dadurch die Entwicklungsziele aus Sicht Ihrer Mitarbeitenden zu erfahren, wie z. B.: Wie geht es Ihnen mit meinem Vorschlag? Welche Weiterbildungen sehen Sie als hilfreich für sich an?
- Aktiv Zuhören, um die Aufmerksamkeit bei Ihren Mitarbeitenden zu lassen.

Aus der Coach-Rolle können Sie Ruhe und Gelassenheit in das Gespräch einkehren lassen, indem Sie:
- Durch Ihre entspannte, zurückgelehnte Körperhaltung signalisieren, im Empfangs-Modus zu sein.
- Rhetorische Pausen gezielt nutzen, um den Mitarbeitenden Raum zu geben.
- Stille aushalten, um Aussagen nachwirken zu lassen.

Nutzen Sie nach dem Mitarbeitergespräch weiterhin die Verantwortlichen-Rolle

Planen Sie nach dem Mitarbeitergespräch ein, mehrmals aus der Verantwortlichen-Rolle auf die Person zuzugehen. Dies kann sowohl über die Sach- als auch die Beziehungsebene erfolgen. Indem Sie den jeweiligen Mitarbeiter im Nachgang des Gesprächs über die nächsten Schritte zur Planung und Umsetzung der Entwicklungsmaßnahme (z. B. Seminar, Coaching, Mentoring, Hospitation oder Job-Rotation) informieren, zeigen Sie, wie wichtig Ihnen das Thema ist. Sobald die Maßnahme stattgefunden hat, vereinbaren Sie am besten zeitnah einen persönlichen Termin zum Soll-Ist-Abgleich, um gemeinsam die erreichten Ergebnisse und Veränderungen mit den jeweiligen Erwartungen abzugleichen. Dadurch wird Ihr Interesse für die Entwicklung Ihrer Mitarbeitenden deutlich und Sie können gleichzeitig überprüfen, ob die Entwicklungsmaßnahme den erwarteten Nutzen tatsächlich zeigt.

Blicken Sie einige Zeit bewusst auch darauf, wie sich das Mitarbeitergespräch auf Ihre Beziehungsebene auswirkt. Idealerweise ist Ihr Umgang durch das Gespräch nun vertrauensvoller. Sie können dann im beruflichen Setting ein offenes und wertschätzendes Miteinander wahrnehmen. Wenn das Mitarbeitergespräch jedoch eine Irritation auf der Beziehungsebene hinterlassen hat, kann Ihnen das entweder durch Kontaktvermeidung, direkte Konfrontation oder über den Flurfunk auffallen. Das bedeutet, dass Sie zeitnah aus der Verantwortlichen-Rolle ein weiteres Vieraugengespräch mit der Person ansetzen sollten, um den Konflikt zu klären.

Übernehmen Sie Verantwortung bei Störungen

Tauchen im Mitarbeitergespräch Gefühle wie z. B. Hilflosigkeit, Frustration oder Wut auf, ist dies ein Anzeichen für Störungen auf der Beziehungsebene. Sie können vielfältige Ursachen haben: Individuelle Werte, Bedürfnisse, Einstellungen oder Interessen werden bewusst oder unterbewusst vom Gegenüber verletzt. Oft können die Beteiligten dann nicht klar differenzieren, was sie in diesem Moment empfinden, und dementsprechend auch nicht ihre Erwartungen formulieren.

Für Sie bedeutet das, im Mitarbeitergespräch auch mit Störungen zu rechnen. Wenn Sie dann versuchen, weiterhin aus der Verantwortlichen-Rolle über Ziele, Entwicklungsschritte und Veränderungen zu sprechen, werden Sie scheitern. Vielmehr müssen Sie in diesem Moment innehalten: Störungen haben Vorrang. Gehen Sie deshalb nicht darüber hinweg, sondern entscheiden Sie, wie Sie damit situativ passend umgehen können. Eine Option ist ein konstruktives Feedback aus der Verantwortlichen-Rolle, das Sie wie folgt formulieren können:

Was? Mir fällt auf, dass Sie mehrfach mit einem «Ja, wenn Sie meinen» geantwortet haben.

Wirkung? Ich bin ehrlich gesagt unsicher, was Sie tatsächlich möchten.

Was folgt? Deshalb möchte ich Sie fragen: Was wäre für Sie eine passende Schulung?

Es gibt vermutlich Situationen, in denen es Ihnen schwerfällt, bei Störungen spontan ein konstruktives Feedback zu geben. Dann können Sie die Situation durch eine Unterbrechung, wie zum Beispiel eine Kaffeepause, entspannen und sich innerlich sortieren. Im Zweifelsfall verlegen Sie den Termin. Wenn Sie merken, dass eine Unterbrechung die richtige Intervention ist, dann formulieren Sie das klar als einen Vorschlag aus der Verantwortlichen-Rolle. Ein Beispiel für eine angekündigte Unterbrechung ist:

Ich merke, dass wir seit einiger Zeit ziemlich emotional über XY diskutieren. Ich schlage deshalb vor, dass wir für heute einen Stopp einlegen. Dann können wir uns beide noch einmal Gedanken machen, wie eine gute Lösung aussehen könnte. Lassen Sie uns morgen unser Gespräch mit frischem Kopf fortsetzen. Wäre das für Sie okay?

Insbesondere emotional aufgeladene Gespräche fordern

von Ihnen Führungskompetenz. Dadurch erleben Ihre Mitarbeitenden, dass Störungen im Miteinander dazugehören – und dass es entscheidend ist, wie diese gemeinsam aufgelöst werden.

Führen Sie auch virtuell Mitarbeitergespräche

Wenn Sie und Ihre Mitarbeitenden viel Erfahrung in der Zusammenarbeit im virtuellen Kontext haben, werden Sie ein virtuelles Mitarbeitergespräch vermutlich als folgerichtig empfinden. Sollten Sie bisher Ihre Mitarbeitergespräche in Präsenz durchgeführt haben, nun aber aus geografischen, gesundheitlichen oder zeitlichen Gründen in die virtuelle Welt wechseln wollen, können Sie nachstehende Tipps aus der Verantwortlichen- und Coach-Rolle nutzen. Grundsätzlich gilt: Führen Sie lieber ein virtuelles Mitarbeitergespräch, als es zu lange zu verschieben oder es ausfallen zu lassen.

Auch in der virtuellen Form geben Sie aus der Verantwortlichen-Rolle Orientierung und setzen den Rahmen – d. h., Sie schaffen die technischen Voraussetzungen. Die Technik sollte so einfach wie möglich, aber so unterstützend wie nötig sein. Sorgen Sie für eine stabile Ton- und Bild-Übertragung, damit Sie auch in der virtuellen Umgebung eine persönliche Begegnung erleben. Machen Sie sich im Vorhinein mit der Nutzung des virtuellen Kommunikations-Tools vertraut. Dabei können Sie überprüfen, welche Anwendungen (z. B. Bildschirm teilen, Whiteboard etc.) für das Gespräch unterstützend sind. Wichtig ist, dass die digitalen Tools den Austausch mit Ihrem Mitarbeitenden fördern, Sie beide jedoch nicht vom persönlichen Dialog ablenken. Deshalb gilt: Weniger ist mehr. Ihre

Mitarbeiterin bzw. Ihr Mitarbeiter steht im Mittelpunkt des Gesprächs.

Indem Sie aus der Verantwortlichen-Rolle gezielt die Chancen des virtuellen Formats kommunizieren, können Sie auch eventuell kritisch eingestellte Mitarbeitende mitnehmen. Lassen Sie deshalb bewusst einschränkende Aussagen zum virtuellen Format weg. Kommunizieren Sie stattdessen, was Sie positiv daran finden.

- *Ich freue mich, dass uns die virtuelle Welt ein persönliches Gespräch ermöglicht.*
  → Statt: *Wir sehen uns heute leider nur im Virtuellen.*
- *Was halten Sie davon, wenn wir beide uns noch eine Tasse Kaffee holen, damit wir gut für unser Gespräch versorgt sind.*
  → Statt: *Jetzt würde ich Ihnen gerne eine Tasse Kaffee anbieten, aber das geht ja leider nicht.*
- *Ich fand es klasse, dass wir dieses ungestörte Gespräch miteinander hatten und uns die Zeit genommen haben, über persönliche Entwicklungsthemen zu sprechen.*
  → Statt: *Für ein virtuelles Mitarbeitergespräch hat es ja ganz gut geklappt.*

Wenn Sie diese kleinen Änderungen in Ihrer Kommunikation umsetzen, beeinflussen Sie dadurch auch Ihre innere Haltung gegenüber virtuellen Mitarbeitergesprächen. Sind Sie in einer positiven Grundhaltung, können auch Ihre Mitarbeitenden die virtuelle Umsetzung besser annehmen. Im virtuellen Mitarbeitergespräch ist es besonders wichtig, immer wieder die Coach-Rolle einzunehmen. Denn das technische Setting verleitet schnell zu einem Monolog aus der Verantwortlichen-Rolle. Die Herausforderung: Bei einem Video-Gespräch geht die Körpersprache größtenteils verloren, wodurch weniger nonverbale Reaktionen für Sie sichtbar sind. Dadurch verlieren Sie schneller den Kontakt zu Ihren Mitarbeitenden. Hier helfen Ihnen öffnende Fragen und Sprechpausen aus der Coach-Rolle, um Ihr Gegenüber wieder persönlich abzuholen und inhaltlich einzubeziehen (siehe S. 146).

Auch bei einem virtuellen Mitarbeitergespräch schließt sich eine Nachbereitungsphase an. Für diese Phase sollten Sie sich explizit Erinnerungen und ggf. auch Termine einstellen, um Ihre Mitarbeitenden wie in der analogen Welt gut zu begleiten. Generell gilt, sobald Sie Anlässe identifizieren, die ein vertrauensvolles Mitarbeitergespräch erfordern, setzen Sie dieses um – analog oder virtuell.

Nach diesem Kapitel sehen Sie klarer, wie Sie mit dem *movente*-Führungsmodell Mitarbeitergespräche zur Entwicklung Ihrer Mitarbeitenden und zur Stärkung des gegenseitigen Vertrauens nutzen können. In den nächsten Kapiteln tauchen Sie in den Alltag von Führungspersönlichkeiten mit herausfordernden Situationen ein – und erfahren, wie diese wieder Durchblick gewinnen konnten.

Praxis-Check: Führungspersönlichkeit mit Durchblick

Im Folgenden lernen Sie drei Führungspersönlichkeiten aus unterschiedlichen Kontexten kennen, die mit dem *movente*-Führungsmodell ihren Führungsstil erfolgreich entwickelt haben. Sie geben Ihnen Einblick in persönliche Erfahrungen und beschreiben, welches Führungsverhalten sich für sie bewährt hat. Wie sie dabei konkret vorgegangen sind, berichten sie in Form von Impulsen.

Ergänzt werden die Berichte der Führungspersönlichkeiten durch Impulse der Autorinnen, um Ihnen noch weitere Anregungen für Ihre analoge, hybride und digitale Führungspraxis zu geben. Sie erfahren, wie Sie hybrid erfolgreich führen können, wie die Führung Ihrer eigenen Führungskraft gelingt und wie Sie als neue Führungskraft in Ihre erste Führungsverantwortung hineinfinden können.

Hybrid erfolgreich führen: Wie können Leistung und Teamspirit erhalten bleiben?

Michaela, 44 Jahre, IT-Infrastruktur
- Sie arbeitet als Teamleiterin in einem mittelständischen Unternehmen, das im Business-to-Business-Bereich international tätig ist.
- Michaela und ihr Team sind für die weltweite IT-Infrastruktur verantwortlich, d. h. sie stellen die Hardware, Software und baulichen Einrichtungen für einen sicheren IT-Betrieb im Unternehmen zur Verfügung.
- Sie führt als Teamleiterin 10 Mitarbeitende und hat diese in drei Kleingruppen entsprechend den fachlichen Themen aufgeteilt.

Situationsbeschreibung
Michaela arbeitete in den ersten Jahren nach ihrem Studium als Fachexpertin im IT-Bereich in der Verwaltung, bevor sie mit Anfang 30 ihre erste Teamleitung bei einem kleinen IT-Beratungs-Unternehmen übernahm.

Seit vier Jahren ist sie in ihrer jetzigen Firma Teamleiterin und für den Bereich IT-Infrastruktur zuständig. Sie stellte relativ schnell fest, dass die Zusammenarbeit im Team dysfunktional war. Das zeigte sich durch eine Vielzahl an Konflikten – sowohl auf der Sach- als auch auf der Beziehungsebene. Insbesondere nach den Urlaubszeiten eskalierten die Konflikte, weil Aufgaben nicht oder unprofessionell bearbeitet wurden und die Dokumentation unvollständig war oder komplett fehlte. Michaela wurde dadurch klar, dass der Einstieg für die Konfliktbewältigung eine funktionierende Vertretungsregelung sein würde. Deswegen erarbeitete sie gemeinsam mit ihrem Team Folgendes in einem Workshop: Sie beschlossen, drei Kleingruppen für die Tätigkeitsbereiche «Netzwerke, IT-Security sowie Server und Storage» zu bilden, und legten fest, dass die Kleingruppen Standards für ihre Vertretungssituation erarbeiten.

Zusätzlich sorgte Michaela aus der Verantwortlichen-Rolle für mehr Struktur und Verbindlichkeit, indem sie Folgendes einführte:

- Wöchentliche Teambesprechungen mit Soll-Ist-Abgleich zu den laufenden Projekten
- Monatliche Jours fixes mit den drei Kleingruppen zur Priorisierung der Schwerpunktthemen
- Individuelle Kompetenz- und Entwicklungsgespräche mit allen Mitarbeitenden
- Jährlich zwei eintägige Team-Workshops zur Entwicklung der Teamkultur

Nach zwei Jahren zeigte sich, dass die eingeführten Maßnahmen und die konsequente Führungsarbeit der Teamleiterin sich auszahlten: Die Zufriedenheit im Team erreichte ein hohes Niveau. Das merkt Michaela bis heute daran, dass die Mitarbeitenden sich im Büroalltag und in Vertretungssituationen unterstützen, sie ihre Pausen wieder miteinander verbringen und in den Team-Workshops sowie bei Mitarbeiterbefragungen ihr regelmäßig sehr positives Feedback geben. Michaela ist es gelungen, ein funktionales Team zu entwickeln, bei dem auch die Arbeitsleistungen und die Ergebnisse stimmen.

Der Stresstest für Michaela und ihr Team kam nur wenige Monate später: Aufgrund der Corona-Pandemie musste sie ihr Führungsverhalten anpassen, um ihr Team im Home-Office – also auf Distanz – gut führen zu können. Dabei zahlte sich die intensive Führungsarbeit der letzten Jahre aus: Die Teammitglieder konnten auch im Home-Office eigenständig weiterarbeiten, denn Aufgabenbereiche, Zuständigkeiten und Abstimmungswege waren ihnen klar. Als sich nach knapp zwei Jahren die Rückkehr ins Großraumbüro abzeichnete, musste Michaela erneut ihr Führungsverhalten an die geänderte Form der Zusammenarbeit, das hybride Arbeiten, anpassen. Die Herausforderung ist nun, dass abwechselnd Teammitglieder vor Ort und im Home-Office arbeiten. Da das analoge und auch das rein mobile Arbeiten in den letzten Jahren erfolgreich war, vertraut Michaela darauf, dass die hybride Zusammenarbeit gemeinsam gut gestaltet werden kann. Sie selbst nutzt ihre Erfahrungen aus der analogen und digitalen Führung, um ihren hybriden Führungsstil zu entwickeln.

Impulse aus der Praxis zu «Hybrid erfolgreich führen»

Michaelas Führungsverständnis: Wir können als hybrides Team gemeinsam Leistung erbringen, wenn ich meine Führungsverantwortung wahrnehme, klare Strukturen schaffe sowie mein Team digital und analog in Kontakt bringe, wobei ich jeden Einzelnen im Blick behalten möchte.

Michaelas zentrale Fragestellung: Wie gestalte ich meinen hybriden Führungsstil, um die Leistung und den Teamspirit aufrechtzuerhalten?

Durchblick aus Michaelas Sicht: Um hybrid gut führen zu können, muss ich das Beste aus der analogen und digitalen Führung kombinieren.

Als es wieder möglich war, im Büro gemeinsam zu arbeiten, hat mir mein Team signalisiert, dass es mobiles Arbeiten zu schätzen gelernt hat und sich deshalb eine Kombination aus Präsenz und Home-Office wünscht. Unsere Unternehmensführung hat die Regelung eingeführt, dass Mitarbeitende maximal drei mobile Arbeitstage nutzen dürfen. Mir ist klar geworden, dass es meine Führungsverantwortung ist, für die hybride Zusammenarbeit gemeinsam mit meinem Team die bisher geltenden Vereinbarungen zu überprüfen und anzupassen. Umgesetzt habe ich meinen hybriden Führungsstil über die nachstehenden sechs Impulse.

Michaelas Impuls 1: Wir nutzen MS Shifts für die Planung der An-/Abwesenheit im Büro

Beim hybriden Arbeiten besteht für mich und mein Team die Herausforderung zu wissen, wer vor Ort und wer im Home-Office ist. Da wir bereits sehr routiniert MS Teams nutzen, habe ich die darin integrierte Funktion MS Shifts für eine Art Schichtplan ausgewählt. In diesem digitalen Planungstool bilden wir auch ab, wenn jemand im Urlaub oder krank ist. Ein weiterer Nutzen des Plans ist, dass alle im Team die gerechte Aufteilung zwischen Home-Office und Präsenz mitgestalten können.

Außerdem kann ich Einzelgespräche, für die der persönliche Kontakt vor Ort notwendig ist, in die Anwesenheitszeit der Kollegen legen. Für die Teammitglieder hat der Plan den Vorteil, dass sie dadurch ihre Tätigkeiten, die sie nur vor Ort erledigen können, entsprechend einplanen. Die Einteilung für die nächsten vier Wochen stimmen wir in der Teambesprechung ab, bevor diese verbindlich von mir im Plan eingetragen werden. Unsere Vorgehensweise klingt sehr stringent, hat jedoch den nötigen Freiheitsgrad. Denn falls sich bei Kollegen Änderungswünsche ergeben, können sie die «Schichten» untereinander tauschen – solange sie individuell die Mindestanwesenheit und das Team die Mindestbesetzung im Büro einhalten können. Ganz nach dem Motto: Wir planen, um flexibel zu bleiben.

Michaelas Impuls 2: Wir haben eine hybride Besprechungskultur

Auch beim hybriden Führen ist für mich die Besprechungskultur wieder der Dreh- und Angelpunkt, um mein Team regelmäßig in den Austausch zu bringen und Leistung sichtbar zu machen. Dafür nutzen wir nachstehende drei Formate:

Daily Call: Aus der mobilen Zusammenarbeit hat sich der Daily Call bewährt. Wir nutzen diesen für kurze Updates zu den aktuellen Themen. Wir fragen uns dabei immer: Was ist für meine Kollegen interessant und relevant? Diese tägliche Abstimmung ist wichtig, weil die Teammitglieder über die drei Kleingruppen hinweg eng verzahnt in den größeren Projekten zusammenarbeiten müssen. Bei diesen Daily Calls bin ich in der Verantwortlichen-Rolle und moderiere die zwanzigminütige Besprechung, damit jeder der zehn Kollegen zwei Minuten Redezeit erhält.

To-do-Meeting: Bei diesen Besprechungen steht der fachliche Austausch für uns im Vordergrund, weshalb sie in der Regel virtuell über MS Teams stattfinden. Ich habe mich mit den drei Kleingruppen darauf geeinigt, dass detaillierte Projektbesprechungen bei Bedarf stattfinden. Dieser kann von beiden Seiten – von mir und den Kleingruppen – angemeldet werden. Deshalb habe ich für mich in meinem Kalender alle vier Wochen eine Erinnerung gesetzt: Ich überprüfe unseren gemeinsamen Themenspeicher in OneNote und frage bei jeder Kleingruppe proaktiv nach, ob Bedarf besteht. Im Schnitt haben wir einmal monatlich eine Besprechung. Die Mitarbeitenden nutzen sie für einen ausführlichen Soll-Ist-Abgleich zu den aktuellen Projekten und um gemeinsam mit mir die Priorisierung zu überprüfen. Wenn wir die Priorisierung ändern müssen, übernehme ich dafür die Verantwortung und gebe so Orientierung, damit sich die Teammitglieder auf die richtigen Aufgaben fokussieren.

Team-Meeting: Damit wir uns im gesamten Team ausreichend Zeit für den Überblick bei den großen Projekten nehmen, findet alle zwei Wochen unser anderthalbstündiges Team-Meeting statt. Ich bereite die Agenda für die Besprechung vor, da neben den Projekten auch strategische, organisatorische und personelle Informationen aus dem Unternehmen von mir weitergegeben werden. Dafür habe ich in Outlook einen Serientermin hinterlegt, der nur in der Haupturlaubszeit ausgesetzt wird. Alle getroffenen Entscheidungen und wichtigen Informationen werden zur Ergebnissicherung in unserem gemeinsamen OneNote-Buch hinterlegt – dadurch entsteht nebenbei ein Ergebnisprotokoll. Der Mehrwert unserer Team-Meetings besteht darin, dass für alle die Zusammenhänge und Auswirkungen der Projekte aus den Kleingruppen deutlich werden. Dadurch erleben wir uns als ein Team. Wir wechseln ab zwischen digitalen Team-Meetings in MS Teams und Präsenztreffen an unserem Get-together-Day, den ich im nächsten Impuls beschreibe.

Michaelas Impuls 3: Wir machen einen Get-together-Day in Präsenz

Von meinem Team wurde in unserem Workshop der Wunsch nach einem Termin geäußert, an dem wirklich alle vor Ort sind.

Wir haben gemeinsam überlegt, für was wir die gemeinsame Präsenzzeit benötigen und wie diese gestaltet sein soll. Daraus ist unser Get-together-Day entstanden: Ich buche einmal im Monat einen Besprechungsraum ganztägig für unser Team. Am Vor- und Nachmittag steht der Raum für die Kleingruppen für konzentrierte und kreative Zusammenarbeit zur Verfügung. Von 11:30 bis 13 Uhr findet unser reguläres Team-Meeting in dem Besprechungsraum statt. Danach gehen wir noch in der Kantine zusammen Mittag essen, um auch auf der persönlichen Ebene Zeit für Austausch zu haben.

Michaelas Impuls 4: Ich setze mich dafür ein, dass wir jährlich Team-Workshops in Präsenz machen können
Die Team-Workshops haben mir gezeigt, wie hilfreich externe Moderation ist, um interne Prozesse kritisch zu beleuchten und neue Arbeitsweisen zu entwickeln. Die ersten beiden Workshop-Tage wurden damals schnell genehmigt, weil sowohl der Personalreferentin als auch meinem Chef klar war, dass wir als dysfunktionales Team Unterstützung benötigen. Da die Rückmeldungen aus meinem Team sehr positiv waren, habe ich in den darauffolgenden Jahren wieder zwei Workshops beantragt. Um diese genehmigt zu bekommen, muss ich in den Budget-Runden überzeugend argumentieren. Dafür erarbeite ich gemeinsam mit dem externen Dienstleister im Vorfeld die Ziele und Inhalte der jeweiligen Workshops, um gegenüber der Personalabteilung und meinem Chef den Nutzen für mein Team darlegen zu können. Ich sehe es als meine Verantwortung, mich auch bei diesem Thema für mein Team einzusetzen.

Seitdem wir nun als hybrides Team arbeiten, ist mir wichtig, dass die Workshops zur Weiterentwicklung unserer Team-Kultur weiterhin in Präsenz stattfinden. Für mich als Führungskraft sind diese Team-Workshops die beiden Tage im Jahr, an denen wir in einer anderen Umgebung, ungestört und mit externer Moderation unsere Zusammenarbeit reflektieren und optimieren. Der Mehrwert der Retrospektiven ist, dass wir wissen, was konkret gut läuft und was wir ändern möchten. Deshalb haben wir im Alltag wenig Reibungsverluste auf der zwischenmenschlichen Ebene und können uns auf die fachlichen Themen fokussieren. Kurz gesagt: Wir haben Vertrauen zueinander und können uns dadurch fachlich gut auseinandersetzen.

Außerdem haben sich die Team-Workshops bewährt, um neue Kollegen gut an Bord zu holen und sie unsere Team-Kultur erleben zu lassen. Wie wir die neuen Kollegen innerhalb des hybriden Teams integrieren, erläutere ich in meinem nächsten Impuls.

Michaelas Impuls 5: Wir integrieren neue Kollegen überwiegend in Präsenz

Es war notwendig, neue Kollegen an Bord zu holen, weil in meinem ersten Jahr als Teamleiterin zwei Kollegen gekündigt hatten. Von Anfang an waren diese beiden Kollegen in den Widerstand zu sämtlichen von mir eingeführten Veränderungen gegangen und hatten die Konfrontation mit mir als Teamleiterin gesucht. In dieser Phase habe ich einiges an Gegenwind aushalten müssen, zumal auch mein Vorgesetzter die Erwartung hatte, dass ich alle Teammitglieder halten kann. Als in kurzem Abstand die beiden Kündigungen eingingen, musste ich mir einiges an Kritik von meinem Chef anhören. Bei meinem Team habe ich am Ende des Tages Erleichterung wahrgenommen, weil die beiden Kollegen bereits seit mehreren Jahren eine destruktive Stimmung im Team verbreitet hatten. Durch die Kündigungen entstand erst mal Mehrarbeit, die wir allerdings durch eine gute

Priorisierung und gegenseitige Unterstützung meistern konnten. Aus unserem Netzwerk konnten wir zwei neue Kollegen gewinnen, die wir innerhalb kurzer Zeit fachlich und menschlich gut integrieren konnten, denn ich habe dafür gesorgt, dass sie in den ersten Wochen der Einarbeitungsphase größtenteils vor Ort waren.

Diese Vorgehensweise hat sich vor Kurzem bei einem neuen Kollegen wieder bewährt: Seine drei Kollegen aus der Kleingruppe waren abwechselnd im Büro, um den neuen Kollegen fachlich einzuarbeiten sowie bei den anfangs zahlreichen Rückfragen schnell und unkompliziert erreichbar zu sein. Dafür nutzten die Kollegen das mit mir gemeinsam entwickelte Einarbeitungskonzept. Der positive Nebeneffekt ist, dass der neue Mitarbeiter neben den Inhalten auch seine unmittelbaren Kollegen und die Schnittstellen im Unternehmen persönlich kennenlernt.

Als Führungskraft ist es mir wichtig, mit den Neuen persönlich meine Erwartungen zur Zusammenarbeit im Team durchzugehen. Dafür nutze ich auch die Ergebnisse aus den vergangenen Workshops zum Thema Team-Kultur. Diese habe ich entsprechend den verschiedenen Themenschwerpunkten digital visualisiert. Mein Ziel für diese persönlichen Gespräche ist, den neuen Teammitgliedern ein Gefühl für die Zusammenarbeit, die Kommunikation und die Arbeitsweisen in unserem Team zu geben. Dafür vereinbare ich mehrere Termine vor Ort, denn in diesen persönlichen Gesprächen lernen wir uns auch zwischenmenschlich schneller kennen.

Michaelas Impuls 6: Wir kommunizieren proaktiv und beugen dadurch Irritation vor

Seit dem Wechsel ins hybride Arbeitsmodell kommen wieder häufiger unsere internen Kunden und Kollegen aus den Projekten mit Anfragen direkt zu uns ins Büro, anstatt online ein Ticket für ihr Anliegen zu erstellen. Wenn dann bei uns nur einzelne Büros besetzt sind und die Kunden nur wenige Teammitglieder antreffen, führt das schnell zu Unverständnis. Wir haben schon erlebt, dass es hieß: Die IT-Abteilung kann wieder gemütlich im Home-Office sein, während wir vor Ort im Büro sein müssen. Dem beugen wir mit einem freundlichen Hinweis an der Tür vor: «Auch wenn wir nicht vor Ort sind, sind wir für Sie im Einsatz. Eröffnen Sie ein Ticket oder wenden Sie sich an unser Help-Desk.» Dadurch geben wir eine kleine kommunikative Orientierung und beugen proaktiv Irritationen oder sogar Konflikten vor.

Impulse der Autorinnen zu «Erfolgreich hybrid führen»

Hybrides Führen ist anspruchsvoll. Auch in der hybriden Führungswelt kommt es darauf an, dass Sie situativ stimmig mit Ihren Mitarbeitenden und deren Themen umgehen, wie das Beispiel der Teamleiterin gezeigt hat. Denn Sie führen immer Menschen, mit denen Sie gemeinsam Ziele in einem gewissen Zeitraum erreichen wollen.

Bei räumlicher Distanz und aufgrund der Verlagerung der Arbeit in die digitale Welt entstehen für Sie zusätzlich neue Herausforderungen. Deswegen sollten Sie als Führungskraft eines hybriden Teams Ihre Führungswerkzeuge bereits gut beherrschen und die Regeln und Prozesse für die neue Form der Zusammenarbeit weiterentwickeln. Folgende vier Aspekte spielen dabei eine große Rolle.

Überprüfen Sie die Voraussetzungen: Stehen Sie Ihren Mitarbeitenden beim Wechsel in ein hybrides Arbeitsmodell orientierend zur Seite. Das bedeutet im ersten Schritt, dass Sie mit jedem Mitarbeitenden überprüfen, inwieweit seine Tätigkeit auch digital erledigt werden kann, wie es um seine IT-Kompetenz und Ausstattung bestellt ist und wie sich seine persönliche Situation für mobiles Arbeiten eignet. Dadurch können Sie Ihre Einschätzung und die Anforderungen des Unternehmens an Präsenzzeiten mit den Wünschen jedes einzelnen Mitarbeitenden abgleichen. Mit diesem Wissen legen Sie die Regeln fest, wer, wann und wie oft im Home-Office ist.

Auch bei einem etablierten hybriden Team sollten Sie in regelmäßigen Abständen mit allen das persönliche Gespräch suchen, um aus der Coach-Rolle herauszufinden, ob es Veränderungen in den Aufgaben, den Zuständigkeiten oder im Privaten gibt. Dann müssen Sie erneut klären, was für den oder diejenigen ein passendes Maß an mobilem Arbeiten ist. Im besten Fall sind die Wünsche Ihrer Mitarbeitenden deckungsgleich mit Ihren Vorstellungen, ansonsten müssen Sie aus der Verantwortlichen-Rolle verhandeln, was möglich ist.

Gestalten Sie den digitalen Kontaktstil: Es liegt in Ihrer Verantwortung, den Kontakt zu Ihren Mitarbeitenden digital zu gestalten, damit der Faden des fachlichen Austauschs nicht abreißt. Wählen Sie für verschiedene Anlässe und Themen die passenden digitalen Kanäle für Ihre Kontaktaufnahme mit dem Team oder Einzelnen.

Als hybride Führungskraft müssen Sie aus der Verantwortlichen-Rolle klar den Anlass und das Ziel des jeweiligen Meetings kennen, um zu entscheiden, ob dieses digital oder in Präsenz stattfinden soll. Bei fachlichen Themen eignen sich digitale Besprechungen, bei denen sich Ihre Mitarbeitenden entweder aus dem Büro oder aus dem Home-Office in die virtuelle Besprechung einwählen. Wenn es um kreativen Austausch oder um zwischenmenschliche Themen geht, sollten Sie dafür sorgen, dass Ihr Team in Präsenz zusammenkommt. Durch die gemeinsame Anwesenheit in einem Raum erleben sich Ihre Mitarbeitenden auch physisch als ein Team – das wirkt positiv auf alle Entwicklungsprozesse.

Deshalb müssen Sie den richtigen Mix aus analogen und digitalen Besprechungsformen für den Austausch entwickeln. Aus der Coach-Rolle sollten Sie Ihr Team immer wieder durch eine Reflexion einbeziehen, ob die Formate für die Leistungserbringung und den Zusammenhalt passend sind oder ob sie angepasst werden sollten.

Machen Sie Leistung transparent: Aus den Augen, aus dem Sinn – dieses Gefühl entsteht schnell, wenn Sie ein hybrides Team führen. Deshalb sollten Sie Ihre Erwartungen an die Bearbeitung klar formulieren und die Arbeitsergebnisse in regelmäßigen Soll-Ist-Abgleichen transparent machen. Dadurch wissen Sie und Ihre Mitarbeitenden, wer an was arbeitet und welche Leistung Ihr Team liefert.

Fördern Sie den Team Spirit: Als digitale Führungskraft sollten Sie Ihren Mitarbeitenden Begegnungen auf der Beziehungsebene ermöglichen, damit sie sich als ein Team erleben. Wenn sich Ihre Teammitglieder persönlich kennen und gegenseitig schätzen, wird die fachliche Zusammenarbeit leichtgängiger funktionieren. Sie müssen sich überlegen, welche Wege es für Ihr Team gibt, um auf der persönlichen Ebene immer wieder in Kontakt zu kommen (siehe S. 62).

Als hybride Führungskraft hilft Ihnen der systemische Blick aus der Coach-Rolle, um das Zusammenspiel aus analoger und digitaler Welt zu verstehen. Dadurch können Sie aus der Verantwortlichen-Rolle Prozesse und Strukturen für Ihr hybrides Team implementieren und für Orientierung sorgen.

Sandwich-Position: Wie funktioniert Führung auch nach oben?

Nun lernen Sie Oliver kennen, der als Führungskraft im mittleren Management eine Sandwich-Position innehat. Er hat im Coaching durch das *movente*-Führungsmodell erkannt, dass er aus der Verantwortlichen-Rolle auch nach oben – d. h. seine Vorgesetzte – führen muss.

Oliver, 47 Jahre, Pflegemanagement
- Oliver ist verantwortlich für das operative Management und die Qualitätssicherung.
- Er arbeitet als Führungskraft für einen Dienstleister im Pflegebereich mit circa 18 Einrichtungen und über 750 Mitarbeitenden.
- Er führt direkt zehn Führungskräfte, die für das operative Pflegemanagement verantwortlich sind.
- Olivers Chefin Christine ist die Geschäftsführerin der Organisation.

Situationsbeschreibung:
Oliver wird vor eineinhalb Jahren durch einen Headhunter für seine jetzige Position gewonnen. Der Geschäftsführungskreis formuliert gleich zu Beginn die Erwartung, dass Oliver aufgrund seines Expertentums und seiner Persönlichkeit strategische Veränderungen für die Organisation initiieren soll. Da Olivers Befugnisse für die Veränderungen nicht ausreichen, müssen diese final von seiner Chefin entschieden werden.

Olivers Führungsverhalten hin zu seiner Chefin ist vor allem von der Expertenrolle geprägt: Er formuliert fachliche Vorschläge und wartet die Entscheidungen seiner Chefin ab. Dabei stellt er fest, dass seine Chefin strategische Entscheidungen in endlosen Diskussionen mit der gesamten Geschäftsführung, dem Betriebsrat und Aufsichtsrat bis zur Zufriedenheit aller abstimmen will. Teilweise hat dieses Vorgehen seine Berechtigung, gleichwohl sieht Oliver für viele Entscheidungen dieses Verhalten als blockierend an – seiner Ansicht nach würde eine informierende Kommunikation an die Anspruchsgruppen genügen. Grundsätzlich erlebt Oliver seine Chefin als wertschätzend, jedoch wenig entscheidungs- und konfliktfreudig.

Oliver schildert nach einem Jahr in Führungsverantwortung: Die Führung seines Führungskräfte-Teams funktioniert sehr gut. Er stellt gleichzeitig fest, dass die von ihm vorangetriebenen notwendigen strategischen Veränderungen für die gesamte Organisation nur stockend vorankommen. Denn die erarbeiteten Veränderungsvorschläge versanden meist bei seiner Chefin. Dies führt bei ihm zu einer gewissen Frustration und zu der Frage, ob seine Chefin die Veränderungen überhaupt umsetzen will. Deshalb möchte er seine Chefin proaktiver führen, um die notwendigen Entscheidungen zum Wohle der Organisation voranzutreiben.

Impulse aus der Praxis zur «Sandwich-Position»

Olivers Führungsverständnis: In der Führungsverantwortung entsteht Professionalität für mich durch Schnelligkeit, Entscheidungsfreudigkeit und Verantwortungsübernahme.

Olivers zentrale Fragestellung: Wie führe ich aus der Sandwich-Position meine Chefin, um Entscheidungsprozesse aktiv voranzutreiben?

Durchblick aus Olivers Sicht: Ich habe die Verantwortlichen-Rolle aktiviert.

Im Coaching ist mir bewusst geworden, dass ich meiner Chefin bisher die Entscheidungsgrundlagen immer aus der beratenden Experten-Rolle angeboten habe – mit logischen Argumenten und viel Sachverstand. Meine Frustration ist dadurch entstanden, dass ich geglaubt habe, meinen Teil der Arbeit mit dem Vorlegen der Vorschläge professionell erledigt zu haben, weshalb ich von meiner Chefin eine zeitnahe Entscheidung erwartet habe. Ich bin davon ausgegangen, dass sie genauso entscheidungsfreudig und zielorientiert führen würde wie ich selbst. Im Alltag hat meine Chefin jedoch ein ganz anderes Führungsverhalten gezeigt: Sie hat mit sämtlichen Beteiligten im Entscheidungsprozess wiederholt Details diskutiert und die finale Entscheidung immer wieder hinausgezögert. Dieses Vorgehen hat mich innerlich zur Weißglut gebracht, weil ich es als unnötig und blockierend empfunden habe. Aus Höflichkeit meiner Chefin gegenüber habe ich diese Gefühle unterdrückt. Dadurch bin ich in eine resignierte und frustrierte Haltung ihr gegenüber gerutscht. Als ich diese Beobachtung im Coaching reflektiert habe, ist mir klar geworden, dass ich mein Verhalten beim Führen meiner Chefin verändern muss, um Ergebnisse zu erreichen und damit meine eigene Wirksamkeit zu spüren.

Um konkrete Entscheidungen von meiner Chefin zu erhalten, habe ich sie ähnlich konsequent führen müssen wie meine Mitarbeitenden. Indem ich zusätzlich zur Experten-Rolle die Verantwortlichen-Rolle bewusst eingenommen habe, konnte ich in der Kommunikation deutlicher orientieren und konfrontieren. Für mich war es vom Kopf her logisch, die innere Haltung des «Verantwortlichen» im Führungsverhältnis mit meiner Chefin einzunehmen. In der tatsächlichen Situation meiner Chefin gegenüber spontan als «Verantwortlicher» aufzutreten, ist mir erst mal schwergefallen. Deshalb habe ich im Coaching zwei Kommunikationswerkzeuge für die Umsetzung erarbeitet: Konkretisierendes Fragen und Feedback.

Olivers Impuls 1: Ich habe mich durch konkretisierende Fragen selbst geklärt

Vor wichtigen Gesprächen mit meiner Chefin habe ich mich durch konkretisierende Fragen vorbereitet. Dadurch habe ich meine Erwartungshaltung gegenüber meiner Chefin geklärt. Zur Selbstklärung habe ich folgende konkretisierende Fragen verwendet:

- Welchen Nutzen liefert uns die Veränderung?
- Was passiert, wenn wir nichts tun?
- Bis wann brauche ich eine Entscheidung von meiner Chefin?
- Wie würde ich entscheiden?

Die Selbstklärung hat mir ermöglicht, in der digitalen und analogen Kommunikation mit meiner Chefin die beiden Rollen Experte und Verantwortlicher situativ passend einzunehmen. Mit dem Zusammenspiel habe ich sowohl die inhaltliche Verantwortung für meinen Vorschlag als auch die aktive Führung meiner Chefin übernommen – damit konnte ich Entscheidungsfindungen forcieren.

Olivers Impuls 2: Ich habe konkretisierende Fragen in der Kommunikation mit meiner Chefin genutzt

Nachdem ich mich innerlich gut geklärt hatte, konnte ich ruhig und gelassen die notwendigen konkretisierenden Fragen meiner Chefin stellen. Meine Beispiele für konkretisierende Fragen für schriftliche und mündliche Kommunikation:

- Welche Vorgehensweise – Vorschlag 1 oder 2 – können Sie mitgehen?
- Wie bewerten Sie die Umsetzbarkeit meines Vorschlags?
- Bis wann können wir mit der Umsetzung beginnen?
- Welche konkreten Hindernisse sehen Sie?
- Worin sehen Sie die Vorteile für unsere Zielgruppe in meinem Vorschlag?
- Was bräuchten Sie noch von mir an Zahlen, Daten und Fakten, um die Entscheidung bis Ende dieser Woche zu fällen?
- Wollen wir bei Schritt 1 oder Schritt 2 den Geschäftsführungskreis einbeziehen?
- Werden wir im nächsten oder im übernächsten Jour fixe den Geschäftsführungskreis über die Entscheidung informieren?

Meine Beobachtung war: Wenn ich in der direkten Kommunikation konkretisierende Fragen angewendet habe, konnte meine Chefin mir gezieltere Antworten geben. Weil für sie mein orientierendes Verhalten zunächst ungewohnt gewesen ist, hat sie teilweise abwehrend reagiert. In diesen Situationen habe ich meine tieferliegenden Gründe für die Frage offengelegt. Dadurch konnte meine Chefin nachvollziehen, weshalb ich diese Frage stelle. Sie hat dann oft mit einem «Aha, jetzt verstehe ich, was Sie meinen» reagiert und danach tatsächlich meine Frage beantwortet. Insgesamt ist unsere Kommunikation effizienter und zielorientierter geworden.

Olivers Impuls 3: Ich habe konstruktives Feedback aus der Verantwortlichen-Rolle gegeben

In Situationen, die bei mir für Irritation gesorgt haben, habe ich konstruktives Feedback zur direkten Klärung genutzt. Im Coaching habe ich mir erarbeitet, wie ich meine Rückmeldung wertschätzend und gleichzeitig klar formulieren konnte, um dadurch meine Veränderungswünsche aussprechen zu können. Ein Beispiel für konstruktives Feedback:

> **Wahrnehmung:** Wir hatten bei unserem letzten Jour fixe vereinbart, dass ich bis zum 31.03. Ihre Entscheidung zur Veränderung XY erhalte. Mittlerweile haben wir den 06. April und ich habe noch nichts von Ihnen gehört. Zusätzlich habe ich erfahren, dass Sie für den 12. April zu diesem Thema einen Termin mit dem Betriebsrat vereinbart haben.

Meine Zwischenfrage: Ist dem so?

Antwort meiner Chefin: Ja klar, das stimmt. Woher wissen Sie das mit dem Betriebsrat?

Meine Reaktion: Die Information zum Termin mit dem Betriebsrat möchte ich kurz zurückstellen, denn mir geht es um Folgendes …

> **Wirkung:** Ehrlich gesagt irritiert mich, dass ich von Ihnen entgegen unserer Absprache keine Rückmeldung bis zum 31.03. erhalten habe. Außerdem verstehe ich nicht, weshalb Sie bereits jetzt den Betriebsrat in den Entscheidungsprozess einbezogen haben. Wir hatten vereinbart, ihn erst nach der Abstimmung im Geschäftsführungskreis einzubinden.

Was folgt? Was waren Ihre Beweggründe für die geänderte Vorgehensweise?

Mit meinem konstruktiven Feedback konnte ich meiner Chefin eine gewisse Orientierung geben. Mein Ziel war es, dass sie erfährt, wie ich ihr Verhalten entgegen unserer Absprache wahrgenommen habe. Sie hat auf mich zunächst überrascht gewirkt, und ich habe den Eindruck gehabt, dass sie sich leicht ertappt gefühlt hat. Um keinen weiteren Rechtfertigungsdruck bei meiner Chefin zu erzeugen, bin ich auf der Sachebene geblieben und habe sie wertschätzend nach ihren Beweggründen für die geänderte Vorgehensweise gefragt. Sie hat mir erklärt, dass sie den Betriebsrat vorab ins Boot holen wollte, um die Entscheidung im Vorfeld schon mal absichern zu lassen. Daraufhin habe ich sie um Folgendes gebeten: Wenn von ihr Terminabsprachen nicht eingehalten werden können oder sie abgesprochene Vorgehensweisen im Entscheidungsprozess ändern möchte, soll sie mich bitte darüber informieren. Dies hat mir meine Chefin zugesichert.

Das konstruktive Feedback hat mir die Möglichkeit gegeben, in einem Dialog meine Erwartungen besprechbar zu machen und den Veränderungswunsch wertschätzend und klar zu kommunizieren.

Olivers Impuls 4: Ich habe meiner Chefin positives Feedback gegeben

Aus meiner eigenen Erfahrung habe ich bereits gewusst, dass konstruktives Feedback viel leichter annehmbar ist, wenn regelmäßig auch positive Rückmeldungen kommen. Bei der Führung meiner Mitarbeitenden habe ich diesen Feedback-Grundsatz verinnerlicht. Jedoch habe ich meiner Chefin in der Vergangenheit nur selten positives Feedback gegeben, weil ich mich dafür nicht verantwortlich gefühlt habe. Zudem gehört für mich eine gewisse Überwindung, sogar Mut dazu, meiner Chefin positives Feedback zu geben. Denn ich möchte auf keinen Fall anbiedernd rüberkommen. Im Coaching ist mir dann klar geworden: Wenn ich aus der Verantwortlichen-Rolle Veränderungen einfordere und diese von meiner Chefin gezeigt werden, muss ich sie durch positives Feedback bestätigen. Ein Beispiel für positives Feedback:

Wahrnehmung: Danke, dass Sie mich heute Vormittag informiert haben, dass sich der Abstimmungsprozess im Geschäftsführungskreis aus juristischen Gründen um eine Woche verzögern wird.

Wirkung: Dadurch war ich in meinem Jour fixe mit den Pflegedienstleitungen aussagefähig. Und ich selbst habe mich von Ihnen gut eingebunden gefühlt, weil Sie mich rechtzeitig informiert haben. Danke nochmal.

Indem ich meine Wahrnehmung sachlich formuliert sowie die Auswirkungen auf mein Führungskräfte-Team und mich deutlich gemacht habe, hat sich das positive Feedback auch für mich ehrlich und stimmig angefühlt. Künftig möchte ich unsere Feedback-Kultur dadurch anreichern, dass ich regelmäßig positives Feedback gebe. Das heißt, sobald ich bemerke, dass meine Führungskraft Positives bewirkt hat, möchte ich ihr das zeitnah rückmelden: Was habe ich wahrgenommen, und wie wirkt es sich aus?

Impulse der Autorinnen zur «Sandwich-Position»

In der Sandwich-Position spüren Sie dann innere Spannungen, wenn Sie feststellen, dass Ihre Führungskraft Sie nicht ausreichend führt. Anzeichen dafür sind: Sie erhalten von Ihrer oberen Führungskraft zu wenig Informationen, Entscheidungen und Unterstützung. Das bedeutet, dass Sie die Verantwortlichen-Rolle auch gegenüber Ihrer Führungskraft aktivieren sollten. Denn aus dieser Haltung können Sie wertschätzend orientieren und konfrontieren – das ist proaktives Führen nach oben. So können Sie als Führungskraft für Ihre Themen und Ihr Team noch wirksamer sein.

Wo liegt der Unterschied in der Umsetzung in der Führung nach oben im Vergleich zur hierarchischen Führung? Es sind Ihre innere Haltung und Einstellung. Für Sie ist es selbstverständlich, Ihre Mitarbeitenden zu führen. Mit Blick auf Ihre Führungskraft vermuten Sie wahrscheinlich, dass es nicht Ihre Aufgabe ist, diese zu führen. Bis zu einem gewissen Grad stimmt das natürlich, doch sobald Ihre Führungskraft Führungsschwächen an den Tag legt, sollten Sie umdenken. Häufig existiert eine gewisse Hierarchie-Hemmschwelle: Dürfen Sie Ihre eigene Führungskraft von unten führen? Dieses Denkmuster zu durchbrechen und mit einem klaren «Ja» zu beantworten, eröffnet Ihnen neue Spielräume für das Führen nach oben.

Was ist der Mehrwert, wenn Sie Ihre Führungskraft aktiv führen?

Es gibt obere Führungskräfte, die sich bewusst entschließen, ein gemeinsames Führungsverständnis zu entwickeln und mit den vorhandenen Unterschieden gewinnbringend umzugehen. Wenn Sie in der Sandwich-Position eine Führungskraft über sich haben, die keine Notwendigkeit zur Diskussion eines gemeinsamen Führungsverständnisses sieht, beginnt die Veränderung erst mal bei Ihnen. Sobald Sie wie Oliver Ihre Verantwortlichen-Rolle bewusst einnehmen und in einem orientierenden Verhalten umsetzen, können Sie folgenden Mehrwert generieren:

1. Kommunizieren auf Augenhöhe von Verantwortlichen-Rolle zu Verantwortlichen-Rolle.
2. Proaktives Platzieren Ihrer Erwartungen, Themen und Ziele.
3. Sichtbarwerden Ihrer Führungspersönlichkeit.

Führung nach oben findet am besten unter vier Augen statt. Um auf Ihre Führungskraft zugreifen zu können, benötigen Sie Formate für den Austausch – analog und digital. Sollte dieser Austausch bisher zu kurz kommen, fordern Sie ihn unbedingt ein. Die regelmäßigen Termine können Sie für fachliche, organisatorische und informelle Themen nutzen. Indem Sie klären, welche Informationen über welche Kanäle fließen, definieren Sie mit Ihrer Führungskraft den Kontaktstil (siehe S. 97).

Wie können Sie Ihr Führungs-Repertoire nach oben erweitern?
Durch Olivers Beispiel wird deutlich, dass in der Sandwich-Position die Verantwortlichen-Rolle die treibende Kraft für die Führung nach oben ist. Dieses orientierende Führungsverhalten braucht ergänzend ein unterstützendes Führungsverhalten. Nutzen Sie deshalb beim Führen nach oben auch die Coach-Rolle. Die innere Haltung des Coaches lässt Sie im

Kontakt mit Ihrer Führungskraft ruhiger und gelassener kommunizieren. Überprüfen Sie, ob Sie die Coach-Rolle schon intuitiv im Führen nach oben leben: Wechseln Sie im kommunikativen Verhalten regelmäßig in einen empfangenden Modus? Und wenden Sie das Aktive Zuhören bereits im Kontakt mit Ihrer Führungskraft bewusst an?

Der situative Wechsel zwischen Verantwortlicher- und Coach-Rolle (siehe S. 139) bringt den richtigen Mix aus Zielorientierung und Zugewandtheit.

Wo liegt die Grenze beim Führen nach oben?
Diese Frage werden Sie sich vermutlich immer wieder stellen. Denn Ihre berechtigte Erwartungshaltung, dass Ihre Führungskraft Sie professionell führt und unterstützt, bleibt ja bestehen. Die Grenze liegt dort, wenn Sie spüren, dass die Emotion Wut und das Gefühl Hilflosigkeit Ihre Beziehung zu Ihrer Führungskraft ständig begleiten. Dann wechseln Sie innerlich wahrscheinlich in eine Art Verfolger- oder Opfer-Rolle gegenüber Ihrer Führungskraft. Eine solche dysfunktionale Führungsbeziehung wirkt sich nicht nur auf die Zusammenarbeit mit Ihrer Führungskraft, sondern auch auf andere Beteiligte im System aus. So werden Ihre Mitarbeitenden schnell erkennen, dass es Spannungen im Führungsverhältnis gibt. Dies kann in der Konsequenz zu weiteren Konflikten führen. Bei einigen Sandwich-Führungskräften wirkt sich eine dysfunktionale Führungsbeziehung auch auf die Gesundheit aus.

Um eine neue Form des Miteinanders im Dialog zu erarbeiten, sollten Sie Ihre Führungsbeziehung klären. Überlegen Sie, ob Sie diese Veränderung selbst gestalten können oder ob Sie Unterstützung – intern oder extern – benötigen. Verweigert sich Ihre Führungskraft dieser Entwicklung, sollten Sie abwägen, ob eine berufliche Veränderung Ihre Zufriedenheit erhöhen kann. Change it, love it or leave it.

Neu in der Führung: Wie gelingt der Wechsel in die Führungsfunktion?

Im nun folgenden Praxisbeispiel erleben Sie gemeinsam mit Aylin ihr erstes Jahr als neue Führungskraft. Sie schildert, wie sie den Wechsel aus dem Team in die Leitungsfunktion gestaltet und dabei ihren individuellen Führungsstil entwickelt hat.

Aylin, 28 Jahre, Soziale Arbeit
- Aylin arbeitet bei einem freien gemeinnützigen Träger und leitet seit kurzem ein generationsübergreifendes Begegnungszentrum.
- Sie führt insgesamt zehn Mitarbeitende: drei Sozialpädagoginnen und zwei Sozialpädagogen, zwei Verwaltungskräfte, eine Köchin und zwei Hausmeister.
- Aylin organisiert gemeinsam mit ihrem Team das Informations- und Begegnungsangebot. Dieses beinhaltet für Jugendliche pädagogisches Programm und auch Mittagessen in der Cafeteria. Außerdem vermietet das Begegnungszentrum Mehrzweckräume an externe Kooperationspartner und veranstaltet Zusammenkünfte für alle Altersklassen.
- Aylins Chef, Herr Brunner, hat die Gesamtverantwortung für alle fünf Einrichtungen des freien Trägers in der Region.

Situationsbeschreibung:
Aylin hat einen Bachelorabschluss in Sozialer Arbeit und begann nach ihrem Studium im Begegnungszentrum, ihrem jetzigen Arbeitgeber, zu arbeiten. Die letzten sechs Jahre war sie dort als Sozialarbeiterin für die pädagogische Betreuung von Jugendlichen zuständig. Da der bisherige Einrichtungsleiter kurz vor seiner Rente steht, ermutigt er Aylin, sich als seine Nachfolgerin zu bewerben.

Zunächst freut sie sich über sein Vertrauen in ihre Person, dann kommen bei ihr Bedenken auf, wie sich das Verhältnis zu ihren Kollegen verändern würde. Außerdem weiß sie, wie sehr ihr die Arbeit mit den Jugendlichen Spaß macht, und sie vermutet, dass sie als Einrichtungsleiterin deutlich weniger pädagogisch arbeiten würde. Sie überlegt auch, ob die Kooperationspartner sie als junge Leiterin akzeptieren würden.

Sie sucht deshalb das Gespräch mit dem jetzigen Einrichtungsleiter, um ihm ihre Bedenken mitzuteilen. Er sichert ihr zu, die Phase bis zu seinem Ausscheiden zu nutzen und sie in die verschiedenen Führungsthemen gut einzuarbeiten. Er nimmt ihr auch die Sorge, dass der Wechsel aus dem Team in die Führung ein Problem sein könnte: Er sieht es vielmehr als Vorteil an, dass sie eine hohe Akzeptanz im Team hat und die vielschichtigen Aufgaben im Haus bereits aus Mitarbeiterperspektive kennt. Nach diesem Gespräch entscheidet sie sich, den Schritt zu gehen, bewirbt sich und bekommt trotz einigen Mitbewerbern die Stelle. Nach einer dreimonatigen Übergangsphase mit ihrem Vorgänger leitet Aylin nun bereits seit einem halben Jahr die Einrichtung.

Impulse aus der Praxis zu «Neu in der Führung»

Aylins Führungsverständnis: Ich nutze die vielfältigen Kompetenzen und Persönlichkeiten meiner Teammitglieder, um gemeinsam in unserem Begegnungszentrum neue pädagogische Ansätze für unsere Klienten umzusetzen. In meiner Verantwortung für das Begegnungszentrum vertrete ich professionell unsere Interessen gegenüber meinem Chef – und nach außen gegenüber unseren Kooperationspartnern.

Aylins zentrale Fragestellung: Wie kann ich glaubwürdig meine Kolleginnen und Kollegen sowie die Kooperationspartner führen und dabei meinen Führungsstil entwickeln?

Durchblick aus Aylins Sicht: In meinen ersten Monaten als Einrichtungsleitung habe ich ein Führungskräftetraining begonnen. Dabei habe ich gelernt, zusätzlich zu meiner Persönlichkeits- und Experten-Rolle intensiv die beiden für mich neuen Führungsrollen Verantwortlicher und Coach zu nutzen. Dadurch kann ich als Leitung kooperativ und gleichzeitig durchsetzungsstark sein. Außerdem wurde mir während der Einarbeitung klar, wie vielschichtig meine Verantwortung als Einrichtungsleitung ist. Aus meiner Mitarbeiter-Perspektive war mir bisher nicht bewusst, wie unterschiedlich die Persönlichkeiten und Aufgaben im Team sind und wie herausfordernd die Zusammenarbeit mit den externen Kooperationspartnern sein kann. Ich habe erkannt, wie viele verschiedene Sichtweisen es bei Entscheidungen im Führungsalltag gibt. Es reicht deshalb nicht, wenn ich diese nur aus meiner Experten-Rolle treffe – ich muss als Leitung die berechtigten Erwartungen aller Beteiligter im Blick haben. Seitdem ich auch Einblick in die Verwaltungsarbeit habe, z. B. die erforderlichen Anträge und das Rechnungswesen, merke ich, wie komplex die Themen in unserem Begegnungszentrum sind. Innerhalb meiner ersten sechs Monate als Einrichtungsleitung habe ich nachstehende Impulse für mich und mein Team gesetzt – dadurch habe ich meinen situativen Führungsstil entwickelt.

Aylins Impuls 1: Als Verantwortliche bin ich professionell und als Coach gleichzeitig empathisch
Nach einigen Monaten habe ich mit einer jungen Kollegin eine Situation erlebt, in der ich zeigen konnte, dass ich die Entwicklung aus dem Team hin zur Vorgesetzten geschafft habe: Während eines gemeinsamen Mittagessens habe ich bemerkt, dass meine Kollegin Tränen in den Augen hatte. Da sie meinem Blick ausgewichen ist, habe ich sie zunächst nicht darauf angesprochen. Kurz darauf ist sie weinend in mein Büro gekommen. Mein erster Impuls war, aufzustehen und sie in den Arm zu nehmen. Doch ich habe gleichzeitig gespürt, dass dies in meiner neuen Rolle unpassend sein könnte. Deshalb habe ich ihr zunächst aus der Verantwortlichen-Rolle angeboten, dass eine andere Kollegin ihre Gruppe am Nachmittag betreut und wir in Ruhe bei einer Tasse Kaffee miteinander reden können. Dieses Angebot hat sie dankend angenommen.

Für das Gespräch bin ich bewusst in die Coach-Rolle gegangen, um ihr erst einmal aktiv zuzuhören und abzuwarten, was sie mir erzählen möchte. Sie hat mir dann stockend berichtet, dass sie das Gefühl hat, an ihre Grenzen zu stoßen, weil sie mit zwei Jugendlichen aus ihrer Gruppe seit mehreren Wochen nicht umgehen kann. Die Jugendlichen werden ihr gegenüber ausfällig und stacheln die restliche Gruppe an, sich ihren Vorschlägen zu widersetzen. Sie fühlt sich hilflos, weil keine ihrer Reaktionen bisher eine Veränderung bewirkt hat. Mir ist beim Zuhören durch den Kopf gegangen: «Warum ist mir ihre Hilflosigkeit in den letzten Wochen nicht aufgefallen? Was soll ich jetzt tun? Am besten nehme ich sie aus der Gruppe raus, damit sie nicht von den beiden Jugendlichen fertiggemacht wird ... aber dadurch stelle ich sie vor allen in Frage.» Diese widersprüchlichen Gedanken haben mir gezeigt, dass ich momentan selbst keine zielführende Lösung entwickeln kann, sondern Zeit zum Nachdenken brauche. Deshalb habe ich aus der Verantwortlichen-Rolle eine Unterbrechung vorgeschlagen und meiner Kollegin gesagt, dass wir uns morgen wieder zusammensetzen und gemeinsam eine Lösung finden werden. Sie hat sich bei mir für das unterstützende Gespräch bedankt und ist sichtbar erleichtert in den Feierabend gegangen.

Ich habe mir dann intensiv überlegt, welche Unterstützung für meine junge Mitarbeiterin hilfreich wäre. Aus meinem Führungsseminar kenne ich das Modell «Situatives Führen» und die Entwicklungsgrade der Mitarbeitenden (siehe S. 174). Dieses habe ich genutzt, um mir klar zu werden, wo meine Mitarbeiterin steht und wie ich sie unterstützen kann. Im nächsten Impuls beschreibe ich, wie mir das Modell bei der jungen Kollegin geholfen hat, meinen situativen Führungsstil weiterzuentwickeln.

Aylins Impuls 2: Ich führe meine junge Kollegin situativ passend
Mir ist bewusst geworden, dass ich meine junge Kollegin geführt habe, als wäre sie schon im Entwicklungsgrad 4. Da sie mir gegenüber von Beginn an mit einem hohen Selbstbewusstsein aufgetreten ist und auch in der Teambesprechung ihre Meinung regelmäßig eingebracht hat, bin ich davon ausgegangen, dass sie wenig Orientierung und Unterstützung für ihre Arbeit von mir benötigt. Beim Reflektieren ist mir aufgefallen, dass es ihre erste Stelle nach dem Studium ist und sie auch erst seit knapp einem

Jahr bei uns arbeitet. Sie hat damit für ihre pädagogische Arbeit eher den Entwicklungsgrad 3. Die kritische Situation mit den Jugendlichen hat sie vorübergehend auf den Entwicklungsgrad 2 zurückgeworfen. Das bedeutet, dass ich sie in dieser Krise wieder stärker aus der Verantwortlichen-Rolle führen sollte.

Gemeinsam mit meiner Mitarbeiterin habe ich das Konfliktgespräch mit den beiden Jugendlichen vorbereitet. Sie konnte dann entscheiden, ob sie das Gespräch alleine oder mit mir gemeinsam führen wollte. Nach dem gemeinsamen Gespräch haben wir den Verlauf und die erzielten Vereinbarungen reflektiert. Das Konfliktgespräch hat die gewünschte Wirkung gezeigt, und meine Mitarbeiterin kann mit ihrer Gruppe wieder pädagogisch arbeiten. Ich habe sie dann noch gebeten, ihren Fall in die nächste Teambesprechung einzubringen, um gemeinsam eine Retrospektive dazu machen zu können. Dadurch haben alle im Team aus der Situation Erkenntnisse gewinnen können und die junge Kollegin wurde durch positives Feedback aus dem Team gleichzeitig gestärkt.

Aylins Impuls 3: Ich bin verantwortlich für meine Selbstführung

Die Situation im Begegnungszentrum ist von einem ständigen Kommen und Gehen geprägt. Auch meine Mitarbeitenden sind es gewohnt, dass sie sich immer an mich wenden können. Das hängt auch damit zusammen, dass ich den Glaubenssatz hatte: «Ich bin nur dann eine gute Führungskraft, wenn ich immer für alle ansprechbar bin.» Nach wenigen Monaten ist mir jedoch bewusst geworden, dass ich als Leitung für Aufgaben verantwortlich bin, für die ich eine ruhige Arbeitsatmosphäre benötige, z.B. für Anträge und Abrechnungen mit Fristen. Da ich tagsüber nicht ungestört arbeiten kann, ist es mehrmals vorgekommen, dass ich für die Bearbeitung lange Abendschichten eingelegt habe. Als ich dann noch an einem Samstag zusätzlich in die Einrichtung musste, um einen Antrag fristgerecht fertigzustellen, habe ich mich über mich selbst geärgert und entschieden, mein Zeit- und Selbstmanagement zu ändern.

Es ist mir klar geworden, dass ich Verantwortung für mich selbst übernehmen muss: Ich muss für meine Leitungsaufgaben Zeitfenster für konzentriertes Arbeiten über die Woche verteilt einplanen. Um das zu erreichen, habe ich die sogenannte Power Hour für mich eingeführt.

- Ich habe alle bereits bekannten Abgabetermine notiert und für die Tage zuvor jeweils einen oder zwei Termine als Power Hour in Outlook geblockt – sozusagen einen Termin mit mir selbst gemacht.
- In der Power Hour habe ich das Telefon auf meine Verwaltungskraft umgestellt und die Tür geschlossen.
- Dieses neue Vorgehen habe ich aus der Verantwortlichen-Rolle in der Teambesprechung allen mitgeteilt und meine Gründe dafür genannt. Meine Mitarbeitenden wissen nun Bescheid, dass sie mich nur bei Notfällen in der Power Hour unterbrechen dürfen.

Aylins Impuls 4: Ich erarbeite als Verantwortliche ein neues Selbstverständnis und Konzept für die Einrichtung

Nach einem Jahr hatte ich in meiner Funktion als Einrichtungsleitung selbst mein erstes Mitarbeitergespräch mit meinem Chef. Darin hat er seine Erwartung geäußert, dass ich für unser Begegnungszentrum ein neues Selbstverständnis und entsprechendes Konzept ausarbeiten soll, das auch mehr digitale Angebote beinhaltet. Wir haben uns darauf geeinigt, dass dies auch mein Jahresziel für die Bonuszahlung sein soll.

Ich habe ihm folgenden Vorschlag zur Vorgehensweise gemacht: Bis zu unserem nächsten Jour fixe stelle ich meine ersten Überlegungen zusammen, damit wir auf dieser Basis diskutieren können, um gemeinsam das Selbstverständnis und das grobe Konzept festzulegen. Danach mache ich mit meinem Team einen halbtägigen Kreativ-Workshop, um alle ins Boot zu holen und gemeinsam den Start für die operativen Umsetzungen zu initiieren. Mir war es wichtig, mein Team und dessen Kompetenzen frühzeitig in die neue Ausrichtung und die Umsetzung einzubinden. Mein Chef hat meine Vorschläge für das weitere Vorgehen als überlegt und zielführend bewertet. Das hat mich motiviert, und ich bin positiv aus dem Gespräch gegangen.

Als ich in den nächsten Tagen meine Power Hour zum Sammeln meiner ersten Gedanken nutzen wollte, habe ich festgestellt, dass mir wesentliche Informationen – auch für meine Kommunikation an das Team – fehlen. Deshalb habe ich nachstehende Fragen in einer E-Mail an meinen Chef geschickt und ihn gebeten, dass wir diese im nächsten Jour fixe klären:

- Wie viel Budget haben wir für die Umsetzung des Konzepts?
- Wen sollte ich aus deiner Sicht – zusätzlich zu meinem Team – in die Entwicklung einbeziehen?
- Wie soll aus deiner Sicht der Mix zwischen digitalen und analogen Angeboten für die verschiedenen Zielgruppen sein?
- Bis wann brauchst du das finale Konzept? Und wann starten wir mit der Umsetzung?

Nachdem wir persönlich alle Fragen besprochen hatten, habe ich mit der konzeptionellen Arbeit begonnen. In den nächsten zwei Jour-fixe-Terminen habe ich ihn zum jeweiligen Fortschritt meines Konzepts informiert und seine Vorschläge eingearbeitet. Wir haben dann einen Stand erreicht, bei dem das strategische Vordenken erst einmal abgeschlossen war, sodass ich mit diesen Ideen in den Workshop mit meinem Team einsteigen konnte. Der Kreativ-Workshop hat in mehrfacher Hinsicht Mehrwert für uns alle gestiftet: Ich konnte das Team für das neue Konzept an Bord holen und alle haben ihre Vorschläge zum Jahresprogramm eingebracht. Außerdem war der gemeinsame Workshop wichtig, damit im Arbeitsalltag die Abläufe – zwischen den Sozialpädagogen, der Köchin und den Hausmeistern – im Begegnungszentrum gut ineinandergreifen. Ich habe mich als Verantwortliche für den Erneuerungsprozess gut einbringen können und die Beteiligung des Teams als unterstützend erlebt.

Aylins Impuls 5: Ich führe unsere Kooperationspartner aus der Verantwortlichen-Rolle lateral

In meiner Einarbeitungsphase habe ich gemerkt, dass die Zusammenarbeit mit unseren Kooperationspartnern herausfordernd sein kann – besonders dann, wenn unterschiedliche Interessen aufeinanderprallen. Mit den Mietern unserer Mehrzweckräume gibt es immer wieder Konflikte, und dabei ist es meine Aufgabe, die Interessen unserer Einrichtung zu vertreten. Mir ist klar geworden, dass ich als Einrichtungsleitung dafür verantwortlich bin, bei Regelverstößen auf die Mieter zuzugehen und den Sachverhalt mit konstruktiven Rückmeldungen zu klären. Dabei hat mir im Vorfeld die Reflexion meiner Führungsrollen im Seminar geholfen: Ich habe erkannt, dass ich auch gegenüber den Kooperationspartnern in die Verantwortlichen-Rolle gehen muss, um diese von der Seite zu führen.

Außerdem habe ich aus der Verantwortlichen-Rolle ein Besprechungsformat organisiert, damit wir uns mit den Kooperationspartnern regelmäßig austauschen und eine Vertrauensbasis herstellen können. Dafür treffen wir uns einmal im Quartal mit Vertretern der Kooperationspartner. Dieses bereite ich in Abstimmung mit meinem Team vor und moderiere die einstündige Besprechung. Außerdem haben die Kooperationspartner bei dieser Besprechung die Möglichkeit, Fragen und Vorschläge einzubringen, die wir dann diskutieren oder ich zur internen Entscheidungsfindung in den Jour fixe mit meinem Chef mitnehme.

Ich habe erkannt, dass es keine Frage des Alters ist, ob ich in meiner Führungsfunktion akzeptiert werde, sondern eine Frage meiner inneren Haltung und meines kommunikativen Verhaltens. Das bedeutet für mich, meine Persönlichkeits-Rolle weiterzuentwickeln und mit meiner Verantwortlichen-Rolle zu verknüpfen. Ich werde von den Kooperationspartnern ernstgenommen, wenn ich sie aus der Verantwortlichen-Rolle lateral führe.

Impulse der Autorinnen zu «Neu in der Führung»

Wenn Sie aus der Mitarbeiter- in die Führungsfunktion wechseln, stellen Sie vermutlich fest, dass Sie nun – neben der vertrauten Experten-Rolle – mit einer Vielfalt an fachlichen und personellen Themen konfrontiert sind. Das gilt besonders, wenn Sie eine Führungsposition übernehmen, in der Sie vieles verändern oder neu angehen möchten. Da kann in den ersten Monaten schnell ein Gefühl der Überforderung entstehen oder der Eindruck, dass Sie nicht in der Lage sind, alle Probleme ausreichend schnell anzugehen. Gerade in dieser Phase brauchen Sie verschiedene Sparringspartnerschaften: Ihre Führungskraft, andere Führungskräfte aus Ihrer Seminargruppe und auch ein Mentor oder eine Mentorin sind eine hilfreiche Unterstützung auf dem Weg in Ihre Führungsverantwortung.

Wie kann Mentoring Sie in Ihrer neuen Führungsfunktion stärken?

Ein Mentor oder eine Mentorin kann Sie im ersten Jahr als neue Führungskraft dabei unterstützen, in Ihre neue Verantwortung hineinzufinden. Mentoring ist eine wertvolle Ergänzung zu dem, was Sie von Ihrer eigenen Führungskraft oder in Führungsseminaren lernen können. Für erfolgreiches Mentoring sind folgende Kriterien entscheidend:

- Es ist Ihr Wunsch, an einem Mentoring-Prozess teilzunehmen.
- Sie wählen sich selbst Ihren Mentor oder Ihre Mentorin aus.
- Sie sind sich bewusst, dass die Verantwortung für die Ziele, Inhalte und Termine im Mentoring-Prozess bei Ihnen als Mentee liegt.
- Zu Beginn definieren Sie Ihre Entwicklungsziele und machen gemeinsam mit Ihrem Mentor dazu immer wieder Soll-Ist-Abgleiche inkl. konkretem Feedback.
- Sie vereinbaren Termine und bereiten sich für diese vor, d. h. Sie bringen Ihre Anliegen, kritische Situationen und Fragestellungen in die Gespräche ein.
- Ihnen ist klar, dass Ihr Mentor keine Konkurrenz zu Ihrer Führungskraft ist, sondern ein Sparringspartner aus der unterstützenden Coach-Rolle.
- Zum Abschluss des Mentoring-Prozesses vereinbaren Sie mit Ihrem Mentor ein Feedback-Gespräch.
- Sie entscheiden, welche Erkenntnisse und Entwick-

lungsschritte Sie Ihrer Führungskraft zurückmelden wollen.

Fragen Sie bei Ihrer Führungskraft oder der Personalabteilung nach, ob es Mentoring-Programme gibt. Ansonsten können Sie auch informell eine erfahrene Führungskraft in Ihrer Organisation proaktiv ansprechen und bitten, ob sie für einen begrenzten Zeitraum für ein Mentoring zur Verfügung stehen würde.

Ihr erstes Jahr als neue Führungskraft ist geprägt von Veränderung und Entwicklung sowie Rückschlägen und Wachstum. Denn innerhalb dieser zwölf Monate durchleben Sie den Großteil Ihrer Führungsaufgaben, wie z. B. persönliche Gespräche, Besprechungen und Jahresgespräche mit Ihren Mitarbeitenden, Vertretungssituationen aufgrund von Urlauben und Krankheiten, Projektabschluss und Neubeginn, persönlich und fachlich fordernde Situationen mit Ihrer Führungskraft sowie Workshops mit anderen Führungskräften in Ihrer Organisation. Nutzen Sie dieses erste Jahr, um Ihren situativen Führungsstil zu entwickeln, indem Sie die Haltung und Werkzeuge aus der Verantwortlichen- und Coach-Rolle bewusst einsetzen. Nur wenn Sie diese regelmäßig ausprobieren und üben, werden Sie eine Führungsroutine entwickeln und selbst in stressigen Situationen intuitiv stimmig handeln.

Zum Schluss

Wenn wir mit Ihnen persönlich im Training oder Coaching gearbeitet hätten, dann würden wir Sie jetzt Folgendes fragen:
- Worin fühlen Sie sich in Ihrem Führungsverhalten bestätigt? Was machen Sie richtig gut?
- Welche Anregungen haben Sie für Ihren Führungsstil aus dem *movente*-Führungsmodell mitgenommen? Welche konkreten Veränderungen wollen Sie im Alltag umsetzen?

Wir freuen uns, wenn Sie durch das Lesen dieses Buches Inspiration und Motivation für Ihren Führungsalltag erhalten haben.

Dankeschön

Wir sind Friedemann Schulz von Thun in mehrfacher Hinsicht dankbar: Er hat uns gezeigt, dass ein professioneller und menschlicher Umgang die Grundlage für jedes berufliche Miteinander ist. Wir danken ihm herzlich für die Wegbereitung und die beflügelnde Auseinandersetzung bei der Entstehung dieses Buches. Unser Dank gilt auch Roswitha Stratmann, die für uns als Trainerin eine Inspiration und als Mensch eine wertvolle Wegbegleiterin ist.

Für uns war die Zusammenarbeit mit unserer Lektorin Julia Vorrath ein Glücksfall. Wir danken ihr für kreative, motivierende und konstruktive virtuelle Workshops im Schreibprozess. Wir schätzen sie für ihren scharfen Verstand und ihre warmherzige Art.

Wir möchten unserem Feedback-Team für großartige Reflexions-Runden und kritische Anmerkungen danken: Carola Kupfer, Julia Köppel und Max Hölzle. Ein großes Dankeschön geht an unsere kreative Grafikerin Andrea Bawiedemann.

Von Herzen danken wir Irmgard und Dieter Bastubbe, die immer an *movente* geglaubt haben. Dank unserer unterstützenden Partner, Tom und Max, sind wir ausgeglichen und motiviert durch die intensive Arbeits- und Schreibphase gekommen.

Literatur

1 Schulz von Thun, F. (2018). *Miteinander reden: Fragen und Antworten*. Rowohlt Taschenbuch Verlag.
2 Becker, J. H. & Pastoors, S. (2018). *Persönliche Kompetenzen*. In: Praxishandbuch berufliche Schlüsselkompetenzen. Springer. https://doi.org/10.1007/978-3-662-54925-4_6
3 Kanning, U. (2009). *Diagnostik sozialer Kompetenzen* (2. Aufl.). Hogrefe.
4 Chess, S., & Thomas, A. (1991). Temperament and the concept of goodness of fit. In *Explorations in temperament* (pp. 15–28). Springer, Boston, MA.
5 Frenzel, A. C., Götz, T., Pekrun R. (2009). *Emotionen*. In: Wild E., Möller J. (Hg.) Pädagogische Psychologie. Springer. https://doi.org/10.1007/978-3-540-88573-3_9
6 Frenzel, A. C., Götz, T., Pekrun R. (2009). *Emotionen*. In: Wild E., Möller J. (Hg.) Pädagogische Psychologie. Springer. https://doi.org/10.1007/978-3-540-88573-3_9
7 Schulz von Thun, F. (2005). *Miteinander reden: 2. Stile, Werte und Persönlichkeitsentwicklung*. Rowohlt Taschenbuch Verlag.
8 Broszinsky-Schwabe, E. (2011). *Begegnungen in Raum und Zeit*. In: Interkulturelle Kommunikation. VS Verlag für Sozialwissenschaften. https://doi.org/10.1007/978-3-531-92764-0_7
9 Stewart, I., Joines, V. (2000). *Die Transaktionsanalyse*. (5. Aufl.) Herder.
10 Schulz von Thun, F. (2004). *Klarkommen mit sich selbst und anderen: Kommunikation und soziale Kompetenz*. Rowohlt Taschenbuch Verlag.
11 Merk, J., Schlotz, W. and Falter, T. (2017). *The Motivational Value Systems Questionnaire (MVSQ):* Psychometric Analysis Using a Forced Choice Thurstonian IRT Model. Front. Psychol. 8:1626. doi: 10.3389/fpsyg.2017.01626
12 Krumm, R. (2017). *9 Levels of Value Systems* (3. Aufl.). werdewelt.
13 Merk, J., Schlotz, W. and Falter, T. (2017). *The Motivational Value Systems Questionnaire (MVSQ):* Psychometric Analysis Using a Forced Choice

Thurstonian IRT Model. Front. Psychol. 8:1626. doi: 10.3389/fpsyg.2017.01626

14 DeRue, D. S., & Morgeson, F. P. (2007). Stability and change in person-team and person-role fit over time: the effects of growth satisfaction, performance, and general self-efficacy. *The Journal of applied psychology*, *92*(5), 1242–1253. https://doi.org/10.1037/0021-9010.92.5.1242

15 Gessler, M. (2010). *Handbuch Personalentwicklung: Die Praxis der Personalbildung, Personalförderung und Arbeitsstrukturierung* (R. M. Bröckermann, Müller-Vorbrüggen, Hg.; 3. Aufl.). Schäffer-Poeschel.

16 North, K., Reinhardt, K., & Sieber-Suter, B. (2005). *Kompetenzmanagement in der Praxis*. Gabler Verlag.

17 Fuhse, J. (2018). *Soziale Netzwerke: Konzepte und Forschungsmethoden*. UTB.

18 Hoch, J. E., Wegge, J., & Schmidt, K. H. (2009). Führen mit Zielen. *report psychologie*, *34*(7/8), 308–320.

19 Storch, M. (2009). Motto-Ziele, SMART-Ziele und Motivation. In *Coachingwissen* (pp. 183–205). VS Verlag für Sozialwissenschaften.

20 Schulz von Thun, F. (2005). *Miteinander reden: 1. Störungen und Klärung*. Rowohlt Taschenbuch Verlag.

21 Persönliche Kommunikation mit Friedemann Schulz von Thun.

22 Kahneman, D. (2012). *Schnelles Denken, langsames Denken*. Siedler Verlag.

23 Spitzer, M. (2002). *Lernen: Gehirnforschung und die Schule des Lebens* (1. Aufl.). Spektrum Akademischer Verlag.

24 Deci, E. L., & Ryan, R. M. (1993). Die Selbstbestimmungstheorie der Motivation und ihre Bedeutung für die Pädagogik. *Zeitschrift für Pädagogik*, *39*(2), 223–238.

25 Dehner, U., & Dehner, R. (2004). *Coaching als Führungsinstrument: so fördern Sie Mitarbeiter in schwierigen Situationen*. Campus Verlag.

26 Steinkellner, P. (2005). *Systemische Intervention in der Mitarbeiterführung*. Carl-Auer-Systeme-Verlag.

27 De Shazer, S., & Dolan, Y. (2020). *Mehr als ein Wunder: Lösungsfokussierte Kurztherapie heute*. Carl-Auer Verlag.

28 Lehner, C., & Weihe, S. (2019). «Mit den Ohren wackeln?» – ein Klassiker bleibt aktuell: Aktives Zuhören. In *Zwischen Achtsamkeit und Pragmatismus* (pp. 75–80). Springer, Berlin, Heidelberg.

29 Blanchard, K. H., Zigarmi, P. & Zigarmi, D. (2006). *Der Minuten-Manager: Führungsstile* (4. Aufl.). Rowohlt.

Marie Kondo, Scott Sonenshein
Glücklich im Job, glücklich im Leben

So bringen Sie Ordnung, Struktur und Motivation in Ihren Arbeitsalltag

Marie Kondo zeigt, wie die weltberühmte KonMari-Methode auch am Arbeitsplatz zu mehr Zufriedenheit führt. Gemeinsam mit Scott Sonenshein, Experte für Unternehmensorganisation, versammelt sie u. a. für die Bereiche Zeitmanagement, Führung, gute Kommunikation und produktive Meetings zahlreiche praktische Tipps, die den Lesern bei der Organisation ihres Arbeitslebens helfen.

240 Seiten

Weitere Informationen finden Sie unter **rowohlt.de**